深堂の郷の都しだれ（03.4.17）

宝満寺の紅梅（03.3.20）

白谷の夫婦つばき(03.4.13)

三大神社の砂擦りのフジ（03.5.5）

花

黒田のアカガシ（03.8.25）

井戸神社のカツラ（03.4.27）

阿志都弥神社·行過天満宮のスダジイ（02.3.31）

菅山寺のケヤキ（02.12.24）

幹

天川命神社のイチョウ
（00.11.26）

長岡神社のイチョウ（02.11.6）

柏原のケヤキ（02.11.16）

紅葉

仰木の里東のモミジバフウ
（02.11.22）

木ノ浜のトウカエデ
（00.11.21）

雪

女飯盛木［ケヤキ］(02.12.28)

昭和町のムクノキ (02.12.28)

杉坂峠のスギ (02.12.15)

マキノ高原のメタセコイア並木 (97.2.23)

別冊淡海文庫 12

近江の名木・並木道

滋賀植物同好会 編

サンライズ出版

はじめに

私たち滋賀植物同好会と「木」や「森」とのかかわりは、一九九五年の「近江神宮の森」調査にさかのぼる。

大津市の宇佐山山麓にうっ蒼と茂る「近江神宮の森」は、昭和初期（一九三八〜四〇年）に造営された人工の森であるが、私たちはこの森の半世紀後の姿を探るべく、林苑に生える高木約二、五〇〇本の樹高や幹周などを記録する毎木調査を行なった。

このとき出会った樹木たちはいずれもまだ若齢であり、幹周三ｍを越える「巨木」は、おそらく造営前の残存木と思われる一本のシイを除いてはみられなかった。しかし、シイをはじめクスノキやシラカシ、ケヤキなど樹高二〇ｍ、幹周二ｍを越える樹木は多く、その生長の速さに驚かされた。気候が温暖で雨の多い日本の自然の本来の姿が「森」であることを改めて認識することとなった。

この「近江神宮の森」を中心に、滋賀県内の主な鎮守の森の特徴と由緒や祭礼、樹木などの植生を紹介させていただいたのが、淡海文庫一七『近江の鎮守の森〜歴史と自然〜』（二〇〇〇）である。

多くの鎮守の森を探訪する中で、とりわけ私たちの心に強くとまったのは、注連縄《しめ》の張られた御神木であり、風雪に耐えて樹齢を重ねてきた巨木や古木であった。日本土着の自然信仰では木や森に神様が宿るとされ、巨木や古木は「神の依代《よりしろ》」として手厚く守護されてきた。湖北や湖東地方の集落に残るケヤキやスギ、アカガシ、シラカシなどを祀る「野神さん」は、いにしえの土着信仰を今日に伝えている。

一方、「道の国」といわれる滋賀県は過去、さまざまな歴史の舞台となった地であり、そうした歴史を秘めた伝説の木（並木）もみられる。聖徳太子にはじまり、菅原道真や弘法大師（空海）、伝教大師（最澄）、織田信長、豊臣秀吉など歴史的人物のお手植えまたは何らかのゆかりをもつ木（並木）も多い。

本書は滋賀県内でみられる多くの巨木や古木の中から「名木」を選定し、その由緒や樹姿の特徴、樹高、幹周などのデータを記載したものである。あわせて私たちが出版した『「滋賀県の街路樹・並木」調査研究報告』（二〇〇二）をもとに、「特色ある街路樹・並木」についても厳選し、その由緒や樹種、本数などを記載した。前著『近江の鎮守の森～その歴史と自然～』の姉妹編として、ともにご一読いただけるとありがたい。

もとより県内にはさらに多くの巨木・名木、街路樹・並木があり、そのすべてを語り尽くすことはできないが、本書が自然(木)の保全や人間との共生のあり方を考えるきっかけになるとともに、近江路の「名木・並木巡り」の友となれば望外の喜びである。

二〇〇三年八月二九日

滋賀植物同好会『近江の名木・並木道』調査編集委員会

第4章 湖南・甲賀エリア

第5章 滋賀県の名木・並木概説 ―237

［凡　例］

- 並木の本数などのデータは二〇〇〇年九月から二〇〇二年一月、名木の樹高、幹周などのデータは二〇〇二年五月から二〇〇三年八月にかけてそれぞれ調査したものである。
- 並木や名木のカテゴリー区分の詳細は第五章の1を参照されたい。
- 本書に掲載した写真の大半は二〇〇〇年以降に撮影したものである。

第1章　大津・湖西エリア

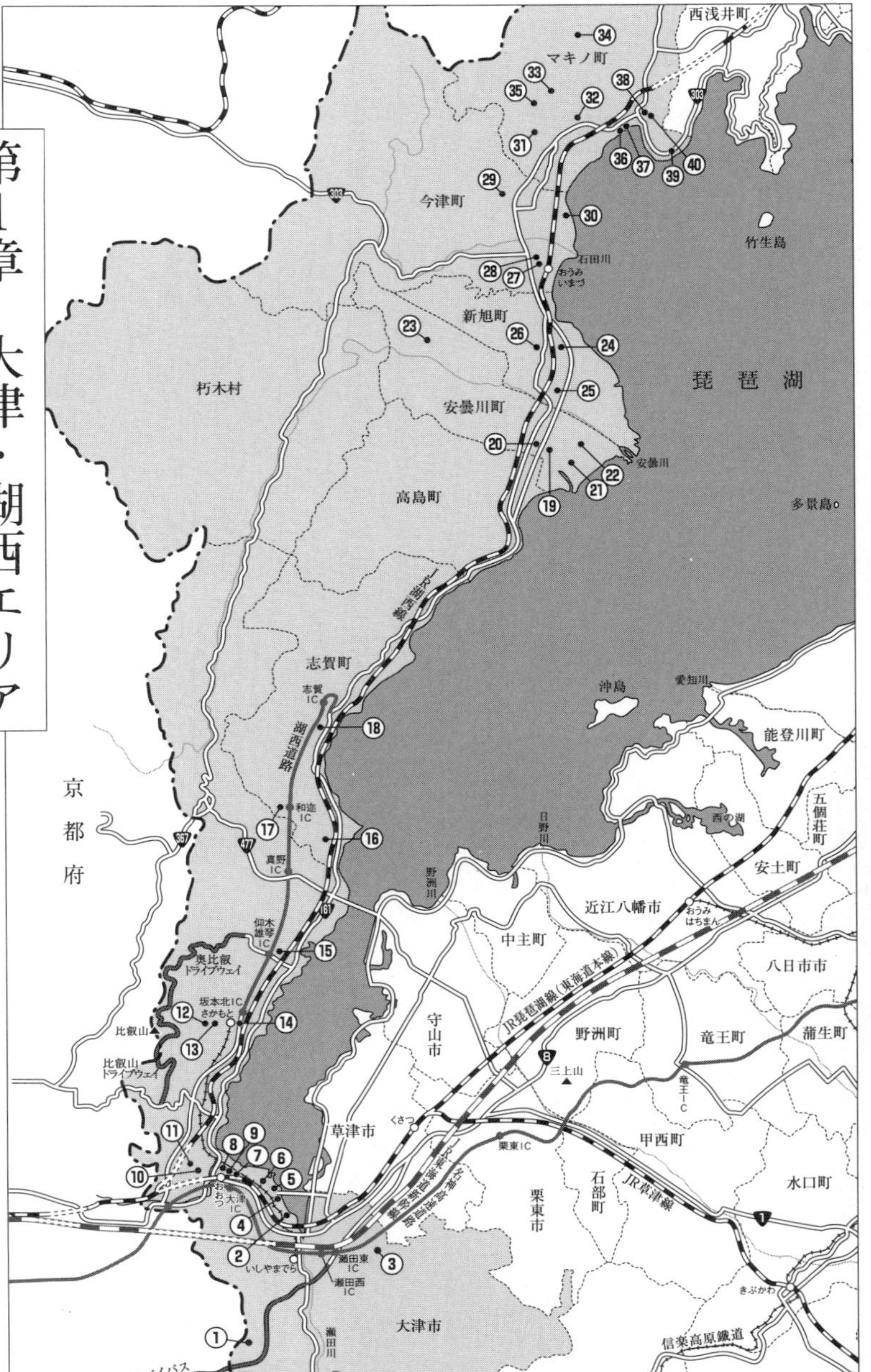

西浅井町
マキノ町
今津町
竹生島
石田川
おうみいまづ
新旭町
琵琶湖
朽木村
安曇川町
安曇川
高島町
多景島
JR湖西線
志賀町
志賀IC
湖西道路
沖島
愛知川
能登川町
京都府
和迩IC
西の湖
五個荘町
日野川
真野IC
野洲川
安土町
近江八幡市
おうみはちまん
仰木雄琴IC
中主町
八日市市
奥比叡ドライブウェイ
JR琵琶湖線(東海道本線)
坂本北IC
さかもと
守山市
野洲町
竜王町
蒲生町
比叡山
比叡山ドライブウェイ
三上山
竜王IC
草津市
くさつ
栗東IC
甲西町
石部町
JR草津線
栗東市
水口町
名神高速道路
東海道新幹線
おおつ
大津IC
いしやまでら
瀬田東IC
瀬田西IC
きぶかわ
大津市
瀬田川
信楽高原鐵道
京滋バイパス
甲南町

1 正法寺(岩間寺)のカツラ……【カツラ科】

所在地　大津市石山内畑町
樹　高　26m
根回り　約18・5m
所有者　正法寺(岩間寺)
幹　周　384cm(最大、株立ち11本以上)
区　分　巨木

岩間山は大津市石山内畑町と京都府宇治市にまたがる標高四四〇mほどの山である。その山頂近くの岩間山正法《しょうぼう》寺（通称：岩間寺）は、西国三十三観音霊場の十二番札所で観光バスでの参詣客が多い。

白山を開いたとされる泰澄《たいちょう》大師が七二二年（養老六）、霊地を求めてこの地に行脚《あんぎゃ》された時、山中のカツラの大樹内より千手陀羅尼《だらに》経が聞こえた。そこで自らその霊木で千手観音、吉祥天、婆蘇《ばそ》仙の三尊を刻み、千手観音の胎内に元正天皇（第四四代）より賜わった御念持仏《ねんじぶつ》（高さ四寸八分の金銅仏）を納め、本尊となし岩間寺を開創されたと伝えられる。現在の本堂前のカツラはその御霊木の子孫（三代目、通称「夫婦桂《めおと》」）とされる。

付近の谷は水が湧き、龍神の神域とされている。「夫婦桂」

「日本一長寿桂」（宇治市の名木）
(03.1.4)

大津市域にあるカツラ（03.7.17）

の下に洞穴があり、黒い龍神の通り道だという。カツラは一般に水の湧き出る谷筋を好むとされ、京都府側の谷筋に宇治市名木百選（一九九八年認定）の大カツラ（「日本一長寿桂」）をはじめカツラの巨木が六株あるが、二〇〇三年（平成一五）二月、大津市側の谷筋にもカツラの巨木（二株）があることを教えてもらった。案内掲示も確かな道もないが、「夫婦桂」裏の竹藪《やぶ》の中を一五〇mほど下りたところに突如、根回りの大きなカツラが現れる。下手から見上げると堂々とした樹齢を感じさせてくれる。

なお、境内にはカツラのほかにも「お迎え樅《もみ》」や「火伏《ひぶせ》の銀杏《いちょう》」「お浄め杉」などの名木があり、大切にされている。

（酒居）

2

湖岸道路のラクウショウなどの並木

【スギ科】ほか

所在地　大津市晴嵐～島の関　　路線名　県道102号（大津湖岸線）
形式　片側一列、両側一列、中央分離帯、植樹帯
樹種　ラクウショウ（143本）、フウ（167本）、クスノキ（335本）、トウカエデ（71本）、メタセコイア（53本）、アベリア、トベラ、シャリンバイ、キンメツゲなど
区分　市街並木

「唐崎の松は花より朧《おぼろ》にて」という芭蕉の有名な俳句があるが、湖岸の景色を形づくっている緑を眺めるのは、手前に豊かな湖水があることが望ましい。写真は、粟津晴嵐《あわづせいらん》の湖岸道路並木を対岸から眺めたものである。晴嵐の浜から膳所《ぜぜ》公園、近江大橋詰をへて浜大津に至る通称・湖岸道路のおよそ五・二kmの間、ラクウショウ、フウ、クスノキ、トウカエデなどを主体とする大津市内でも屈指の並木道を形成している。全線湖岸の埋め立て地に立地しており、「粟津の晴嵐」などと呼ばれた旧街道は、かなり山側にあって今はその並木の面影もない。

近江大橋のたもとに植えられたケヤキの株立ちは、今でも印象深い景観木であるが、大橋をはじめ付近の景色のスケールが

大きいのであまり目立たない。今後何十年、何百年をへれば、すばらしい名木となるだろうと期待される。同じく大橋詰のメタセコイアについても、サンシャイン・ビーチの景観の一部として、日本の在来樹種による造景とは一味ちがった効果を期待できるだろう。

近江大橋から浜大津までは大半がクスノキで、その数は三三五本を数える。ほとんど市街地化した道路になり、オープンスペースが限られているので、勇壮なクスノキ本来の姿にはほど遠い状態に管理されており、樹木には気の毒な気がする。

（田村）

近江大橋詰のケヤキとメタセコイア

粟津晴嵐のラクウショウ並木

3 びわ湖文化公園文化ゾーンのプラタナスなどの並木……【スズカケノキ科】ほか

所在地 大津市瀬田南大萱町
路線名 構内道路、主要地方道2号（大津能登川長浜線）
形　式 両側一列、片側一列
樹　種 プラタナス（86本）、エンジュ（41本）、ユリノキ（154本）、イヌツゲ、ツツジ類など
区　分 構内並木、地方並木

日本の高度経済成長時代、「国民休養県構想」の中核基地として大津市瀬田から草津市にかけての丘陵地にびわ湖文化公園都市が開発された。公園の中心は県立図書館や近代美術館などが設けられた文化ゾーンである。

公園の北側、名神高速道路に沿って走る主要地方道には約二kmの区間でユリノキの並木が続く。木の大きさに大小があるが、春は新芽の緑、初夏はチューリップのような花、秋は黄葉とそれぞれの季節で楽しめる。

文化ゾーンバス停（図書館駐車場）から図書館までの約三〇〇mのアプローチは、プラタナス（モミジバスズカケノキ）の枝におおわれた感じの良い構内並木道である。車の通行が制限され、木の剪定《せんてい》は控えめなので、夏は緑蔭に恵れ、秋は黄葉、冬から春にかけては樹景もあらわに迎えてくれる。また、埋蔵文化財センター前の道路にはエンジュの並木もみられる。文化ゾーン一帯は、内外の植物種を集めた、こころ休まる豊かな緑の世界といえよう。

（田村）

主要地方道2号のユリノキ並木
(03.10.20)

文化ゾーンのプラタナス並木

文化ゾーン内の公園並木（02.11.3）

4 縁心寺のハクモクレン……【モクレン科】

所在地 大津市丸の内町　**所有者** 縁心寺　**樹高** 13m
幹周 根元260cm（146、128、87cmの三分枝）
樹齢 推定110年以上　**区分** 景観木

梅香山縁心《えんしん》寺は京阪電鉄膳所《ぜぜ》本町《ほんまち》駅から歩いて約三分、膳所高校のすぐ東隣、旧東海道沿いにあり、江戸時代、膳所藩の歴代藩主を弔《とむら》う菩提寺である。

山門をくぐるとすぐ右手に、中国原産のハクモクレンの巨木がみられる。ハクモクレンとしては県内で一番大きい木とされ、名木といえる。毎年春になると枝も垂れるほどに見事な花を咲かせていたが、ここ数年は樹勢が衰え、花つきが悪くなったため、樹木医による手当てを受けた。整枝や土壌改良などの結果、二〇〇三年（平成一五）春には回復し、多くの花をつけた。

こんもりと老成した樹形で庭をおおうように枝を張って立つ姿は立派であり、四月の始め頃、桜にさきがけて白い清楚な花をつける頃には、遠近からたくさんの人が拝観に訪れるという。

（田村）

樹勢の回復したハクモクレン（03.4）

5

和田神社のイチョウ………【イチョウ科】

所在地　大津市木下町　　所有者　和田神社
樹高　28m　　幹周　444cm
樹齢　推定600年以上
区分　指定木（市天然記念物）、御神木、歴史木、目標木

和田神社は膳所《ぜぜ》の市街地の旧東海道沿いにある。膳所藩校の遵義《じゅんぎ》堂の表門を移築したという門をくぐるとすぐに、イチョウの巨木（雄株）がみられる。老齢になると発達する垂乳のような気根を枝脇にたくさん出している。建物の多い限られた空間にあるので止むを得ないのかもしれないが、古くから枝々が強く剪定《せんてい》され、イチョウ本来の樹形には程遠い感じである。それでも秋の黄葉した姿は圧巻である。

スリムな樹形のイチョウ（02.11.22）

関ケ原の戦い（一六〇〇年）で捕《ほ》虜《りょ》となった石田三成が京都へ護送される途中、ここで一行が休止した時、この木に乗馬が繋《つな》がれたという伝説が有名である。

また、このあたりを和田浜（和田神社の名もこれによる）といい、イチョウは湖上交通の大切な航行目標木であったとされる。神社の祀神は海津見の神で、イチョウは御神木として注連縄《しめ》が巻かれている。境内にはほかにケヤキやクスノキの巨木もみられる。

（田村）

6 石坐神社のエノキ……【ニレ科】

所在地 大津市西の庄町
樹高 21m
樹齢 推定220年以上
所有者 石坐神社
幹周 394cm
区分 指定木（市保護樹木）、御神木、目標木

膳所《ぜぜ》城北門跡の石碑があるあたりから、三〇〇mほど東に進んだ旧東海道のそばに石坐《いわい》神社がある。大昔には、相模川の源流部の大岩（磐座《いわざ》）を霊として雨乞いの海津見神を祀《まつ》っていた宮を遷祀したといわれ、「石坐」という難しい読み名のお宮さんになっている。

街道脇の鳥居をくぐると、すぐこのエノキがのぞまれる。推定樹齢二二〇年以上とされ、現在は湖岸の埋め立てや高層建築が多くなっているので想像もつかないが、かつては湖上通行の航行目標木として尊重されたといわれる。傍らにはクスノキやイチョウなどの高木が並んでいて、小さいながら鎮守の森を形成している。その中でエノキには注《し》連《め》縄が張られており、御神木として祀られている。

石坐神社は前述のように、雨乞いの神様であったが、壬申《じんしん》の乱で敗者になった弘文天皇（大友皇子）やその母の伊賀采女《うねめ》が祀られた数少ない神社とされている。

（田村）

自然樹形が美しいエノキ（03.4）

7

平野神社のクロガネモチ……【モチノキ科】

所在地　大津市松本一丁目
樹　高　20m
樹　齢　推定約420年以上
所有者　平野神社
幹　周　296cm
区　分　指定木（市天然記念物、市保護樹木）

社殿前に佇むクロガネモチ（03.3.2）

平野神社は京阪電鉄石場駅から約一〇〇m南、丘の上の住宅街にある。社殿前の広場にあるクロガネモチ（雌株）は、県下でも有数の巨木であり、一九九〇年（平成二）、市の天然記念物に指定された。秋になると赤い実がたくさん実り、多くの野鳥が来て賑わうという。神社の境内にはほかにカヤ（高さ一三m、幹周三一三cm、雌株、市保護樹木）やクスノキ、ギンモクセイなどの大きな木があり、自然に恵まれた環境をつくっている。

神社には猿田彦命（木造座像、重文）等が祀《まつ》られているが、「蹴《け》鞠《まり》の神様」としても有名である。毎年八月九日の旧七夕には、蹴鞠保存会によってこのクロガネモチのある広場で、蹴鞠奉納が賑やかに行なわれる。

（田村）

8 大津駅前中央大通りの並木と華階寺のイチョウ ……【イチョウ科】ほか

所在地 大津市京町、末広町、中央ほか　路線名 市道（中央大通り）
形式 両側一列、中央分離帯、植樹桝
樹種 クスノキ（134本）、イチョウ（45本）、ケヤキ（11本）、クチナシなど
区分 市街並木
所有者 大津市
幹周 南樹310cm　北樹347cm　樹高 南樹13m　北樹20m
区分 指定木（市天然記念物）、歴史木　樹齢 推定470年

この道路はJR大津駅から市民会館前にいたる約七〇〇ｍの直線道路で、大津市の玄関口として相応《ふさわ》しいように一九六八年（昭和四三）から新しく整備された。中央分離帯にはイチョウとケヤキ、歩道の植樹帯にはクスノキが規則的に植えられ、本格的な並木道として年間を通じてその景観を楽しむことができる。しかし、市街地の真ん中にあり、採光や落葉の整理、また交通信号機などへの支障があるのか、過度の剪定《せんてい》や早すぎる剪定など、季節の変化を楽しめないように感じるのは思い過ごしであろうか。

ここで特筆されるのは、駅から少し下がった分離帯に「華階《けかい》寺《じ》のイチョウ」と呼ばれる二本

クスノキ（歩道）とイチョウ（分離帯）の並木（00.11.24）［武田栄夫氏撮影］

の巨木があることだ。大通りが整備されるまでは近くの浄土宗華階寺の庫裏《くり》の庭に生える境内木であった。このイチョウは一五三二年（天文元）、華階寺が建立されたとき、開祖の西念が植えたとされる。

境内を削って道路が通ることになり、工事のときに伐り除く計画もあったが、樹霊に障《さわ》りがあるともいわれ、ちょうど中央分離帯の位置にあるので残された。一九七五年（昭和五〇）には市の文化財（天然記念物）に指定され、永らえている。道路工事の影響で樹勢が衰え、樹木医により診療、施肥などが行なわれてやや回復した。

保存された華階寺のイチョウ（03.3.9）

枯れた梢や大枝が切り取られるなど痛ましい姿になっているが、道路の中央分離帯にこれほどの巨木が残されているのは珍しい。南樹が雄株、北樹は雌株とする文献もみられるが、両方とも雌株で毎年ギンナンをつける。あるいは寺の境内にあった時分に夫婦《めおと》木として扱われ雄木、雌木と称されていたのかもしれない。　（田村）

9 滋賀県体育文化館のモミジバスズカケノキ……【スズカケノキ科】

所在地 大津市京町三丁目
樹　高 23m
樹　齢 推定70年以上
所有者 滋賀県
幹　周 457cm（高さ140cmで3本に分枝）
区　分 指定木（市保護樹木）、景観木

県庁西隣にある滋賀県体育文化館は一九三七年（昭和一二）、武徳殿の名で建設され、その際植えられたのが正面庭にあるプラタナスである。このプラタナスの和名はモミジバスズカケノキで、スズカケノキとアメリカスズカケノキとの雑種である。山伏の首飾りのような丸い実（花）をつけるので、ボタンノキともいう。

旧武徳殿のプラタナス（02.11.3）

今でこそプラタナス類（スズカケノキのなかま）は街路樹・並木にふんだんに使われて親しまれているが、この木の推定樹齢からみて日本に渡来した初期の頃に植えられたものと思われる。現存するプラタナス類の古木は、全国にもあまり多くはないと考えられ、保護樹木に指定された価値は十分にあろう。当時としては珍しいハイカラな庭木として植えられたのだろうか。

枝の一部が風の害など受けて、やや自然の樹形を崩されているのが惜しまれる。この木は本書で取り上げられる数少ない外来樹種のひとつである。（田村）

10 犬塚のケヤキ 【ニレ科】

所在地　大津市逢坂二丁目
樹　高　20m
樹　齢　推定500年以上
所有者　（文化財管理者）大津市
幹　周　828cm
区　分　指定木（市天然記念物）、歴史木、墓標木

大津赤十字病院南隣に大きなケヤキの木が目立つ塚がある。このあたりは古来「寺内《じない》」と呼ばれ、各宗派の寺が軒を並べ、大津百町とは別の治政がしかれていたところとされている。

蓮如上人（一四一五～九九）は急進的で積極的に布教し、真宗中興の祖といわれるが、上人が大津に滞在していた時、その積極的な布教活動を心よく思わない人が、上人を毒殺しようと悪巧みした。同じ頃、京都では本願寺が焼き討ちされている。上人が日頃から可愛がっていた犬が食事の毒見役を果たし、身代わりになって死んだのを哀れんで塚を築いて葬り、その墓標木として植えたのがこのケヤキだと伝えられる。

特異な樹形をしたケヤキ（03.4）

一般にケヤキにはこの木のように株元が極端に太くなる性質はないので、塚の盛り土が長い間の侵食で流れ、肥大化した根が表出しているものと考えられる。

一九六五年（昭和四〇）五月、大津市指定文化財（天然記念物）に指定されている。隣地が市街化され、強い剪定《せんてい》がされているが、保護対策が望まれる。（田村）

11 琵琶湖疏水のサクラ並木……【バラ科】

所在地　大津市三井寺町、大門通町　**路線名**　市道（琵琶湖第一疏水沿い）
形式　両側二列、土堤
樹種　サクラ類［ソメイヨシノなど］（128本）、マツ類（14本）、日本産カエデ類（7本）など
区分　水辺並木

一八八五年（明治一八）から始まった琵琶湖疏水開削工事は、新進気鋭の土木技師・田辺朔郎の指揮のもと、五年の歳月をかけて完成した。当時、三井寺から乗船して京都蹴上《けあげ》まで屋形船に揺られて下る花見客で賑わった。もちろん物資の運搬も行なわれた。

その頃に植えられたソメイヨシノやヤマザクラが消長をへて、補植管理を受けながら、今日まで大切に守り育てられてきた。京阪電鉄三井寺駅を下車して山に向かって進むと、疏水の水門とトンネルが見えてくる。ここにサクラが枝を両側から張り出して咲き競うさまは壮観である。背景には長等《ながら》山が控え、三井寺山内や観音堂のサクラもそれに負けじと、トンネル入口に向かってなだれるように咲き乱れる。古い街道の名を冠する北国橋から、同じ高さの目線で見るサクラもよいが、観音堂に登れば上から見下ろすサクラを眺めることができ、また格別である。

花が散ると花びらは湖水の渦

琵琶湖疏水のサクラ並木（02.3.31）

に呑み込まれ、吸い込まれて流れ去る。花のシーズンが終わると若緑の葉が出る。それに応じるように長等山の常緑樹にも新しい芽が出始める。まさに短い春の爆発である。やがて山には青味を帯びたウワミズザクラの花が咲き、シイの花が咲く。なまめく香りが諸仏を悩ますかにみえる。濃緑の夏には山内は森《しん》閑《かん》とする。秋になるとサクラの紅葉も美しい。

そして、「ひからびし　三井の仁王や　冬木立」（其角）となって、山内に雪が舞うのである。

（小山）

12

薬樹院のシダレザクラ（太閤桜）

【バラ科】

所在地　大津市坂本五丁目
所有者　薬樹院
樹　高　18m
幹　周　313cm
樹　齢　推定200年以上
区　分　歴史木、景観木

まだ冬の装いのシダレザクラ（03.3.9）

京阪電鉄坂本駅から日吉大社に向かって県道を五分ほど歩いて行くと大鳥居があり、その手前の交差点を右に曲がるとすぐ左手に薬樹院《やくじゅ》がある。薬樹院は豊臣秀吉の主治医が建てた寺院で、織田信長に焼き討ちされた比叡山の復興に秀吉があたり、この寺で寝起きして山に向かったという。

川の水を巧みに取り入れ、手入れが行き届いた庭の端に、見事なシダレザクラの巨木がある。別名「太閤桜《たいこう》」と呼ばれ、桜を愛でた秀吉が植えたのではないかと言い伝えられている。一九五九年（昭和三四）九月の伊勢湾台風の時に、庭の中ほどまで伸びていた枝が折れて少し小振りになったという。幹には空洞があり、雨水が入らないように樹木医によって合成樹脂で塞《ふさ》がれている。二〇〇〇年余の歳月がそこにあるのを感じた。「満開の桜は外から眺めた方が見応えがありますよ」と薬樹院の奥様がおっしゃったが、この言葉どおり、空から降り注ぐような枝垂れ桜の華が広がっている。

坂本界隈《かいわい》には薬樹院のほかにも律院や日吉の馬場などに、比較的大きなシダレザクラやサクラ並木（ベニシダレ、ヤマザクラなど）がみられる。また、日吉大社参道のスギ、大将軍《たいしょうぐん》神社のスダジイ（二本）、生源《しょうげん》寺のイチョウ、日吉御田《みた》神社のクスノキ（二本）などの巨木が多く、最澄が日本に初めてお茶の実を持ち帰って植えたと伝えられる小さな茶園（日吉茶園）もある。穴太《あのう》衆積《しゅう》の石垣と緑の樹木が相俟《あいま》って、春はもちろん、秋の紅葉の頃もよい。

（田中）

8分咲の頃のシダレザクラ（03.4.6）

13 大将軍神社のスダジイ……［ブナ科］

所在地　大津市坂本六丁目
所有者　大将軍神社
樹高　13m
幹周　490cm
樹齢　推定300年以上
区分　指定木（県自然記念物、市保護樹木）

京阪電鉄坂本駅前の県道を西方向に一〇〇mほど上ると、日吉大社の大鳥居があり、その手前の右方に大将軍《たいしょうぐん》神社がある。鳥居をくぐると、拝殿に向かって右（東側）にスダジイの巨木がある。傍らには県自然記念物指定の標示板がある。この木は約二mほど根上がりして、その上部八mぐらいの所で幹が切断されているが、葉はよく繁っている。露出した根の部分には、芽生えた数十cmの若枝にアブラムシがつき、アリが多い。樹勢はあるが、付近の清掃やアブラムシの駆除等、管理の不十分さが見受けられる。

拝殿に向かって左（西側）にはケヤキの巨木もある。坂本地区の数多い神社の中で当神社の境内は比較的広く、スギ、ヒノキ、ケヤキ、クスノキなどが植えられている。また、直径一mぐらいの切り株（ケヤキなど）が三ケ所あり、その一ケ所には切断した木がその横に置かれていた。

（中村）

こんもりと茂るスダジイ（03.4.6）

14

日吉御田神社のクスノキ……【クスノキ科】

所在地　大津市坂本六丁目
樹　高　(A)19m (B)14m
樹　齢　推定200年
所有者　日吉大社
幹　周　(A)587cm (B)431cm
区　分　指定木(市保護樹木)、御神木

京阪電鉄坂本駅前の県道を東方向に一〇〇mほど下ると、左手に日吉御田《みた》神社がある。鳥居をくぐり、拝殿に向かって右(東側)に注連縄《しめ》を張った神木・クスノキの巨木が目につく。大きい！樹の根は隆起し、幹のおよそ五倍ぐらいの面積で広がり、巨木をがっちりと支えている。樹の南側には標柱があって「保護樹木・クスノキ・御田神社」と記されている。五年ほど前に、樹高があまり高くなりすぎるからと上部が切られたとのことであった。

拝殿の後には、このクスノキより僅かに小さいが、やはり注連縄の張られたクスノキの神木がもう一本あり、拝殿は二本のクスノキの巨木の間に位置している。クスノキの他にはケヤキやムクロジの木があり、幹周はいずれも約一五〇cmである。境内は地元の方が清掃され、砂地には熊手の跡がみられた。この神社には宮番があり一年交代で「当家《とうや》」の方がお世話して、丁寧に年間行事を執り行っておられるとのことである。（中村）

根が肥大化したクスノキ（03.3.9）

15 仰木の里のケヤキなどの並木 …【ニレ科】ほか

所在地　大津市仰木の里、仰木の里東
路線名　市道　形　式　両側一(二)列、植樹帯・植樹桝
樹　種　ケヤキ(432本)、モミジバフウ(398本)、ナンキンハゼ(253本)、クスノキ(444本)
区　分　市街並木

国道一六一号の「北雄琴《おごと》」交差点から県道三一五号（仰木《おうぎ》雄琴線）を西方向に進み、JR雄琴駅手前の交差点で右折すると仰木の里東に入る。なだらかな傾斜の道路約一・九kmにはモミジバフウが両側一列で植えられている。「けやき通り」の交差点までの一kmは、まだ植栽されて間もない若木であるが、そこから成安造形大学をへて県道三一三号（仰木本堅田《ほんかたた》線）までの上り下り九〇〇mの区間は、樹勢がよく、連続性や樹形の統一性にも優れた並木が続く。七月の初め、この並木道を通ってみたが、木々は薄暗いほどよく繁り、植樹帯に植えられたクチナシの白い花が咲き、その香りが漂っていた。

一方、県道三一五号をJRと湖西道路の高架をくぐってさら

ケヤキ並木（02.9.23）

モミジバフウ並木（02.9.23）

に西に進むと、右手に仰木の里入口がある。ここから仰木の里東へのメイン道路「けやき通り」には、その名の通り美しいケヤキ並木がみられる。また、「けやき通り」の仰木の里小前から「このみ公園」前をへて仰木の里東にいたる道路には、適度な剪定《せんてい》により自然樹形を生かしたナンキンハゼの美しい並木がみられる。ケヤキ並木同様、まだ若木ではあるが、適切な管理が行なわれており、今後に期待したい。なお、仰木の里には湖西道路沿いにクスノキ並木もみられるが、常緑広葉樹としての剪定にやや難点がある。

秋には、モミジバフウやナンキンハゼは紅葉し、ケヤキは黄葉となり、また格別に美しい並木となる。

（中村）

16 小野神社のムクロジ……【ムクロジ科】

所在地　滋賀郡志賀町小野　所有者　小野神社
樹高　18m　幹周　433cm
区分　巨木

参道に佇むムクロジ（03.4.13）

小野神社は小野一族の祖であり、餅および菓子の匠・司の始祖である天足彦国押人命《あまたらしひこくにおしひとのみこと》・米餅搗大使主命《たがねつきおおおみのみこと》を祭神とし、創立年代は不明であるが、『延喜式』にも出てくる古社である。菓子の神様として信仰され、今も一二〇〇年来伝承の古式粢祭《ひとぎさい》が行なわれる。その時の餅米を作る御田植祭は、現在各地で行なわれている御田植祭の最も古い形態を今日に伝えている。

参道脇には幹周四三三cm、県下最大級のムクロジが生育しているが、頭頂部は切られ、小枝の枯損や異常なコブがあってあまり健全とはいえない状態である。残念ながらこの木の言い伝えや植えられた年代は不明であるが、かなりの年輪を重ねている。

ムクロジの種子は黒くて固く、羽根つきの羽根の球に使われる。また、果皮を水に溶かすと泡立つので石けんの代用として使われたのも、今や昔のことである。

（伊藤）

17 大将軍神社のエノキ……【ニレ科】

所在地　滋賀郡志賀町栗原　所有者　栗原区
樹高　23m　幹周　346cm
区分　巨木

「大将軍《たいしょうぐん》」とは、陰陽道《おんみょうどう》でいう方位の吉凶を司る八神の一つである。平安時代に各地で「大将軍」を祭る神社ができ始めたらしい。桓武天皇の平安遷都にも大きな影響を与え、都の四隅に大将軍神社を創建した。また、民衆にも影響がおよび、疫神、邪鬼などの災いの侵入を防御するため、村の東西南北の四ケ所に大将軍神社が創建されたという。滋賀県には大将軍に関する地名が多いが、それは百済から渡来した人々の影響によるものだろう。滋賀県では大津市坂本の大将軍神社が有名である。

小さな鎮守の森のエノキ
（03.8.25）

志賀町栗原の大将軍神社（水分《みくまり》神社鳥居の向かい側）は見つけにくかった。巨木があるので、それだろうと思ったが、神社のどこにも「大将軍神社」と記されていないので、付近の住民に聞いて確かめた。小さい神社ではあるが、社殿横の樹高二〇mを超えるエノキの巨木は立派であった。なお、境内にはウワミズザクラの大木やナギなどがみられる。（西久保）

18

樹下神社のヤマザクラ ……【バラ科】

所在地　滋賀郡志賀町木戸　所有者　樹下神社
樹　高　21ｍ　幹　周　405cm
樹　齢　推定250年以上　区　分　巨木

湖西線の志賀駅を降りると、真正面に蓬莱《ほうらい》山がどーんと横たわっている。駅から山に向かって左に道をとり、生け垣が続く生活道路を進み、国道一六一号をわたって山側に向かうと樹下《じゅげ》神社が見えてくる。鳥居をくぐると、正面の間口四間の拝殿が半分かくれてしまうほどの大きなヤマザクラの木が左手前から枝を広げている。樹齢は二五〇～三〇〇年といわれている。梢の方まで苔生していて、ナンテンやマンリョウなど数種の植物が着生しているが、幹周四ｍを越える巨木にはあまり影響はないようだ。

境内にはヤマザクラのほかにもムクロジ（幹周三八八cm）、モミ（幹周三二三cm）、スギ（幹周三二一cm）などの巨木が生育しており、いずれも樹高は二〇～三〇ｍもある。

樹下神社は日吉山王の分霊社であるが、古くは比良山系を神体山とし、周辺の住民が比良神を産土神《うぶすながみ》として仰いできた。境内社の奥の峰神社は、織田信長が比叡山焼き討ちを行なった際、この神社も焼失したという歴史が伝わっている。毎年五月五日には氏子五集落の神輿《みこし》が一堂に会する「五箇祭」が盛大に執り行われる。この頃、ヤマザクラは新緑の葉を広げている。

（田中）

苔生したヤマザクラの巨木（03.4.13）

19

藤樹神社のタブノキ ……【クスノキ科】

所在地　高島郡安曇川町上小川
樹　高　18m
樹　齢　推定400年以上
所有者　藤樹神社
幹　周　492cm
区　分　歴史木、御神木

藤樹《とうじゅ》神社はその名のとおり、学徳を兼ね備え世間の人々から「近江聖人」と崇められていた儒学者中江藤樹をまつるため、滋賀県知事を会長に神社創立協賛会が設立され、一九二二年（大正一一）に創立された。神社を造るための経費は、藤樹先生の遺徳を慕う県内はもちろん、全国各地の人々から莫大な浄財が寄付されて本殿と拝殿の造営が始められた。境内面積は一万二二〇〇㎡で鴨川の砂をもって埋め立てられた。神社としては歴史が浅いので、境内にはシイやアラカシ、クスノキ、スギ、ヒノキ、アカマツなど樹齢の若い木が多い。

その中にあって樹齢四〇〇年以上と推定される一本のタブノキの老木が目につく。この土地は以前、天台宗万勝寺（比叡山門三千坊の一院）があったところで、織田信長の焼き討ちから生き残った木といわれている。木の根元には「見ざる聞かざる言わざる」の三猿像を刻んだ庚申《こうしん》供養塔があり、信仰の対象になってきた。現在、このタブノキは梢や枝の枯損、下部の幹折れがみられ、葉の密度が低いなど健全度はやや不良となっている。

藤樹神社から五〇〇mほど南に行ったところに藤樹書院跡があり道路沿いに藤樹の名に由来するフジの木があったが、道路整備などで樹勢が衰え、危険になったため伐採された。現在は代わりのフジが書院の庭に植えられている。

（阪口）

万勝寺跡のタブノキ（03.3.21）

20

藤樹道のイチョウ・フジ並木

【イチョウ科、マメ科】

所在地　高島郡安曇川町末広～上小川　**路線名**　町道（藤樹道）
形　式　両側一列、植樹桝
樹　種　イチョウ（170本）、フジ［棚仕立て］（60本）
区　分　市街並木

安曇川町は、江戸時代初期の儒学者である中江藤樹《とうじゅ》の生誕地であり、町内には藤樹書院跡や藤樹神社、中江藤樹記念館など藤樹ゆかりの施設が数多くある。藤樹先生がこよなく愛したフジの花は「町の花」に指定されており、花のシーズン（四月下旬～五月上旬）には「藤まつり」が開かれる。

ＪＲ安曇川駅の南側から国道一六一号にかけての約一kmの道路は「藤樹道」とも呼ばれ、両側一列で若木のイチョウとともにフジ棚が六〇棚設けられている。藤棚は高さが約二m、三本並んだ脚に長さ約一mの棚でコンクリート製の擬木作りになっていて、フジは一棚に一本ずつ植えられている。藤樹道と交差する国道一六一号にも一部、藤棚が設置されているほか、町内の新設道路にも藤棚が設置されている。

こうした藤棚づくりの並木は、他府県においては埼玉県春日部市で約一・三kmに二一〇本植栽されているようであるが、県内では他に例がなく、ユニークな並木といえる。

（阪口）

ユニークなフジ棚の並木（01.4.30）

21 布留神社のクスノキ……【クスノキ科】

所在地　高島郡安曇川町横江
樹　高　28m
樹　齢　推定300年以上
所有者　布留神社
幹　周　561cm
区　分　巨木

布留《ふる》神社は奈良県から分霊を戴《いただ》き創建されたようであるが、どの神社からいつ創建されたかは不明である。社伝によれば、天照大神の十員を祀《まつ》るともいわれ、一六七九年（延宝七）正月に社殿が再建されたと記されている。社殿の奥には燈籠があり、室町時代のものといわれている。

神社を入った鳥居の右手に一際大きなクスノキが威風堂々と立っている。一部にコケや地衣類が着生しているが、枝を大きく伸ばし樹勢はたいへん良好である。このクスノキがいつからここにあるのかは不明であるが、社殿再建時以降に植えられたとすれば樹齢は三〇〇年以上と推定される。境内にはこのクスノキ以外にも三本のクスノキがあり、これらの木も大きく枝を伸ばしている。ちなみにこれらのクスノキの幹周は三八二、三七七、二二〇cmでいずれも堂々としている。（渡部）

そびえ立つクスノキの巨木（03.3.21）

22

川島墓地のタブノキ（ダマの木さん）………【クスノキ科】

所在地　高島郡安曇川町川島　所有者　川島区
樹高　16ｍ　幹周　主幹307㎝
樹齢　推定450年　区分　墓標木、ご利益木

『近江名木誌』（一九一三）によると「昔、宮中の美人がこの地に隠れ、歯痛が甚だしく悩んでこの地に死んだ。そして、この人を葬った地面に生えたものを老杉とする。故に、歯痛の者、これに祈れば必ずなおると て…」とある。老杉と書かれているが、地元の人の話では、この墓地の中央に生えているタブノキのことではないかとのこと。また、『安曇川町の昔話』ではこのタブノキのことを「ダマの木さん」と呼び、「歯痛の時にお祈りすると歯痛がなおる言い伝えがあり、今もお酒が供えられているのを見かけます」と記されている。

もともとの主幹は枯れてしまったが、同一の株から一〇本の幹が林立し、一株の周囲はおよそ一五ｍに及ぶ。下枝は地上すれすれに長く延びているが、これを伐ることはタブーとされる。幹の下部の枯損や小枝が枯れたりして、樹木の健全度はやや不良である。

（阪口）

株状になったタブノキ（03.3.21）

23

上古賀のスギ（老樹一本杉）……【スギ科】

所在地　高島郡安曇川町上古賀（西野一瀬谷）
所有者　入江正男氏　　樹高　26m
幹周　750cm（地面付近）　樹齢　推定600年以上
区分　指定木（町天然記念物）、豊饒木、奇木、目標木

巨人のようなスギ（03.3.23）

上古賀《かみこが》の熊野神社から奥山ダムへ向かう林道の傍らに、一風変わった樹形をしたスギの巨木がある。地面のすぐ上の主幹から太い枝が二本突き出ており、あたかも巨人が脚を広げて座っているように見える。枝の間には小さな祠が祀られ、木にはコケや地衣類、ノキシノブのほか、アオキ、ヒサカキ、シロダモなどの樹木も宿しており、さながら「生きた座像」である。老木の域に入り、梢や大枝が枯損し、枝葉密度が低いなど健全度はやや不良となっている。

この木には弘法大師にまつわる次のような伝説がある。「大師が朽木谷へ行く途中、この地で弁当を開き、道端の杉の小枝を折って箸にした。食事の後、その小枝を地面に突き刺したところ、やがて成長して大木になった」という。

なお、このスギはかつて今津、新旭方面への道標の役割を果たしていたといい、「一本杉」と呼ばれている。　（大谷）

24

森神社のタブノキ……【クスノキ科】

所在地　高島郡新旭町旭
所有者　森神社
樹　高　28m
幹　周　582cm
樹　齢　伝承1200年
区　分　指定木（町名木）、御神木

森神社の神木・タブノキ（03.3.21）

ＪＲ湖西線の新旭駅東口から北方向に歩いて一〇分ほどのところに、多くの巨木が生い茂るその名も森《もり》神社がある。鳥居をくぐって神社に足を踏み入れると、ゴツゴツとした巨木が目に飛び込んでくる。なかでも御神木のタブノキは樹齢一二〇〇年と伝えられ、幹周五八二㎝の巨木である。タブノキのような暖地性植物が多雪地の湖西〜湖北地方で生育しているのは、琵琶湖の気候緩和作用によるものと思われるが、いずれにしても大変貴重な存在である。

一八九五年（明治二八）の『古社取調書』の中に「森神社境内

には常緑樹が生い茂り、老樹はどれも周囲が二丈《じょう》（約六ｍ）に及ぶ」とあるが、確かに境内が狭く感じるほどの巨木が多くみられる。タブノキ以外にもケヤキ（幹周三七八㎝）、エノキ二本（幹周三二四、二八二㎝）、イチヨウ（幹周三〇八㎝）、スダジイ（幹周三〇二㎝）、クロマツ（幹周二四五㎝）などが生育しており、どの木も樹高二〇ｍを優に越すものばかりである。

この神社は古くは道祖神と称していたが、一八六八年（明治元）に現在の社号に改められた。拝殿は入母屋造で、屋根葺替《ふきかえ》は一八七一年（明治四）より一〇年ごとに行なわれている。

神社の周りは民家と隣り合わせで、気の遠くなるような歳月を生きてきた巨木と、人間の営み。その間の不思議な気流を確かに感じた。　（田中）

他の樹木を宿すタブノキ（03.3.21）

25 徳乗寺のウメ（八重紅梅）……【バラ科】

所在地　高島郡新旭町新庄　　所有者　徳乗寺
樹　高　6m　　幹　周　256cm、101cm（二又）
樹　齢　推定400年　　区　分　歴史木、記念木

山門を入ってすぐ右側にあるウメの木は樹齢四〇〇年と伝えられる古木で、枝は三本の支柱によって支えられている。

近江源氏を偲ぶ紅梅（03.3.21）

このウメには近江源氏にまつわる伝説が残っている。昔、新庄城主・多胡上野介の家臣であった八田高助兵衛が合戦で最愛の息子を失ったため、世を憂い出家して「法順」と名乗り、草庵を開いたのが徳乗《とくじょう》寺の始まりと伝えられている。家臣の出家を惜しんだ城主は出陣の際、討ち死にした後の弔《とむら》いを高助兵衛に頼み、山門脇に一本の梅の木を植えて出陣したという。

近江源氏を偲ぶこのウメは八重紅梅で、毎年早春に花をつけ、ふくいくたる香りを放っている。樹齢は推定四〇〇年の古木だが、県や町の指定木にはなっていない。樹木の健全度は小枝が一部枯損している程度で、ほぼ良好な状態に保たれている。

（阪口）

26 永正寺のイヌマキ……【マキ科】

所在地 高島郡新旭町熊野本　**所有者** 永正寺
樹高 9m　**幹周** 230cm
樹齢 推定400年以上　**区分** 記念木

真宗大谷派に属する永正寺《えいしょう》は戦国時代にはもう少し山手に建てられていたが、織田信長の迫害を受けて現在の熊野本《くまのもと》の地に移って再建されたといわれている。その永正寺の山門を入って右側の境内に樹齢四〇〇年以上と推定される立派なイヌマキの木が植えられている。この木は寺の再建時に寺院創建記念樹として鐘楼の側に植えられたが、明治のはじめ頃に現在の場所に移植されたという。

近年、木が植えられている築山が痛んできたので、二年ほど前に砂を入れて木のまわりが整備された。イヌマキはお寺のメインの樹木でもあるため、剪定《せんてい》などの手入れによって幹の上部が切られているが、着生植物もコケと地衣類だけで、健全度はほぼ良好な状況で管理されている。

（阪口）

永正寺のシンボル・イヌマキ（01.4.30）

27 阿志都弥神社・行過天満宮のスダジイ

【ブナ科】

所在地　高島郡今津町弘川
所有者　阿志都弥神社・行過天満宮
樹高　14・5m　幹周　608cm
樹齢　推定1000年以上
区分　指定木（県自然記念物）、御神木

　阿志都弥《あしづみ》神社は神代の昔、「幽深な霊地にあった桜の大樹に神気を感じ、葦津姫命《あしつひめのみこと》を勧請して阿志都弥大明神と称した」（由緒書きによる）ことに始まり、推古天皇三十年（六二二）には新羅征伐副将軍であった近《おう》江脚身臣《みあしずみのおみ》が崇敬した神社である。また、行過《ゆきすぎ》天満宮は菅原道真が加賀の国主として赴任する際、御詠吟などせられて「過ぎ行かれた」という由縁によって、曾孫の菅原輔正朝臣が行過天満大神と称して勧請建立されたことに始まるといわれている。

　陸上自衛隊今津駐屯地第二営舎裏の道路をはさみ、小さな鳥居の右側、幹周りが六mを超える樹齢千年の巨大なシイの老木には荘厳さがあり、参拝者の心を清める役目を担っているように感じずにはいられない。木の周りの下草刈りなど管理は十分されてはいるものの、前の道路下の工事（下水道や電話線など）が木の状態をやや悪くしているとのことである。現在はフクロウが住んでおり、神木の名に恥じない威厳を今後も保ち続けて欲しいものである。（木村）

県内最大級の御神木・スダジイ（02.3.31）

荘厳さを醸し出すスダジイの幹（03.3.21）

28 阿志都弥神社・行過天満宮のヤマザクラ……【バラ科】

所在地　高島郡今津町弘川　所有者　阿志都弥神社・行過天満宮
樹高　（A）19m、（B）18m　幹周　（A）381cm、（B）347cm
区分　御神木

この神社は、「幽深な霊地にあった桜の大樹に神気を感じ、葦津《あしつ》姫命《ひめのみこと》を勧請」した阿志都弥《あしづみ》大明神と、菅原道真の曾孫・菅原輔正朝臣が勧請建立したとされる行《ゆき》過《すぎ》天満大神の二祭神を祀《まつ》っている。

今津町立宮の森公園からウメの木々を左手に見ながら参道を進んでいくと、拝殿右前に支柱で支えられた二本の痛々しい木が目に入る。これらはいずれも幹周三m以上あるヤマザクラの巨木で、一目見て神木と判る雰囲気を持っている。サクラが神の依代《よりしろ》として崇められ、信仰を集めているのはめずらしい。キツツキの穴もみられることから、保存には手間がかかっている様子がうかがえた。一九九九年（平成一一）、阿志都弥神社行過天満宮奉賛会の御神木活性化事業によって、樹木治療が施されている。

毎年四月二八日には古式ゆかしく弘川まつりが執り行われるが、その時期より少し前、すなわち新しい年度がはじまるサクラの花の咲く頃に、神木のシイと併せて訪れ、心新たな誓いをたてるには良い場所である。

（木村）

参道沿いのヤマザクラ（03.3.31）

29

酒波寺のエドヒガン……………【バラ科】

所在地　高島郡今津町酒波
樹高　22m
樹齢　推定4～500年以上
所有者　酒波寺
幹周　347cm
区分　歴史木

今津町の赤坂山山麓には近江西国霊場三三ケ所の第八番札所、行基が七四一年（天正一三）に開基した真言宗酒波《さなみ》寺がある。

遠目には背の高い木ぐらいにしか見えないが、酒波寺の参道の急な石段を上ると、山門の左側には見事なサクラの巨木がたたずんでいる。エドヒガン（別名アズマヒガン）という湖西～湖北地方に多い彼岸桜の一種である。

石段横に佇むエドヒガン（03.4.13）

織田信長が比叡山を焼き討ちした当時、この寺は比叡三千坊といわれた北門にあり、昭光坊と呼ばれ五六の寺院があったという。一五七二年（元亀三）三月一二日の焼き討ちでは、このサクラの幹も燃えて半分が焼失した。都から遠く離れた湖西の山間の地にも戦国の時代のうねりが及んでいた証でもある。

寺のまわりには「いこいの花の森」があり、四季折々に訪れて歴史の波をくぐり抜けてきた名木の余韻に浸ってみるのもよい。

（木村）

30 今津浜～知内浜のマツ並木 ……【マツ科】

所在地 高島郡今津町浜分～マキノ町知内
路線名 県道54号（今津海津線）、町道
形　式 片側一列（一部両側）、路肩
樹　種 マツ類「クロマツ」（958本）など
区　分 地方並木、水辺並木

白砂青松《はくしゃせいしょう》と呼ばれて恥ずかしくない湖岸風景は、滋賀県でもたいへん少なくなっている。

今津浜から知内《ちない》浜にかけては「日本の白砂青松百選」に選ばれた景勝地で、砂浜と松並木が続き、沖合には竹生島《ちくぶ》が見える。夏は水泳客やキャンプをする人たちで賑わい、冬には渡り鳥が湖面に浮かび、背後の野坂山地から雪の花が舞い降りてくる。とりわけ、今津浜の浜通りの松並木はクロマツ一五〇本余が健在で、太さ、高さともに見事な並木である。このクロマツは明治末期に防風林として植えられたのだという。

古くから交通の要衝だった近江今津。小浜からの九里半街道、敦賀からの七里越が今津の浜で合流して、西近江路（北国海道）

町道沿いのマツ並木（02.9.19）

となって京の都へ通じていた。陸路、海路を通じて大津、京都へと物資が運ばれ、船の出入りや馬借《ばしゃく》の数も多かった。また、北国街道からの物資も塩津、海津を経て今津で中継ぎされた。

流通の繁栄に伴い、一里塚も設置された。江戸時代後期のものといわれる「琵琶湖湖北西際之図」は、饗庭野《あいばの》から琵琶湖周辺を俯瞰《ふかん》した絵図で、三つの沼と湖岸の屋並びに、点々と松が植えられた図になっている。この頃にはすでに湖岸に松並木があった証である。

今津の名の由来は木津（木津庄、現在の新旭町）と争った後、新しい津として名乗りをあげたので「今津」と呼ばれたという。明治になって、蒸気船の就航、江若鉄道の開通などにより宿場町・中継地としての役割を終えてゆく。

（小山）

県道沿いのマツ並木（02.3.31）

31

大處神社のカツラ……【カツラ科】

所在地　高島郡マキノ町森西
樹　高　(右)26m(左)23m
樹　齢　推定600年
所有者　大處神社
幹　周　(右)516cm(左)476cm
区　分　御神木、記念木

社殿右側のカツラ（03.4.13）

鳥居をくぐって左にイチョウ、右に竹林を見ながら進み、石橋を渡ると拝殿があり、後方に二つの社殿がある。その左右に二本のカツラの巨木がそびえ立っている。左側のカツラは地上近くで幹は三つに分かれ、太いツルマサキが着生している。右側のカツラの幹には注連縄《しめ》が張られ、御神木であることを示している。

このカツラの木は今から約六〇〇年前、今津町酒波《さなみ》の日置《ひおき》神社の祭りで、神輿《みこし》が百瀬川上流で休んでいたところ、沢地区の若衆がこれを大處《おおところ》神社に持ち帰って境内に埋めた、これを記念して植えたものであるといわれている。

カツラの木は水を好むといわれるが、神主の峰森さんによれば、この辺は地下水脈が地表に近く、昔は清水がよく湧き出していたという。春の新緑と秋の黄葉が素晴らしい。

（岡田）

社殿左側のカツラ（03.4.13）

32

蛭口のギンモクセイ

……【モクセイ科】

所在地　高島郡マキノ町蛭口　所有者　松村茂興門氏
樹高　11m　幹周　183cm
樹齢　推定200年　区分　巨木

マキノ町には琵琶湖八景の一つである海津大崎や歴史の古いマキノスキー場をはじめ、マキノサニービーチやマキノピックランドなど豊かな自然を生かした施設が散在している。

マキノ町役場から東に五分ほど歩いたところにあるマキノ町蛭口《ひるぐち》の松村茂興門さんの自宅庭先には、ギンモクセイの大木が生育している。お家の方の話によると先代からほとんど変わらない大きさだという。今は道路に面しているが、この道路は以前には川だった。道路ができたことによって根が傷んだりすることもなく、樹勢はいまだ旺盛で、その後も付近の工事などで何度も枝打ちされたが、毎年秋には多くの花をつけるという。

花の時期には数百m離れた風下にまで香りが漂い、そばを通る人たちはその芳しい香りに、しばしば立ち止まるという。モクセイの仲間は、鮮烈な芳香をまき散らして秋の訪れを告げる。

（蓮沼）

民家の庭先から芳香を放つギンモクセイ（03.3.21）

33 マキノ高原のメタセコイア並木 ……【スギ科】

所在地　高島郡マキノ町蛭口、寺久保、牧野
路線名　町道沢牧野線、県道小荒路牧野沢線
形　式　両側一列、路肩・植樹帯
樹　種　メタセコイア（515本）　区　分　地方並木

国道一六一号の湖北バイパスを「沢ランプ」で降りて県道（小荒路《こあらじ》牧野沢線）を北に進み、しばらくすると左手に町役場がある。ここで左折して町道に入り五〇〇mほど行くと、緩く長い勾配が真っすぐに続く。観光栗園の中を突き抜けているこの町道とそれにつながる県道には、延長約二・四kmにわたって天を衝くようなメタセコイアが両側に植えられている。

町は一九八一年（昭和五六）からマキノ高原のリゾート開発を進めてきたが、新たな景観づくりのため、町道を舗装して両側にメタセコイアの苗木を植え、県も歩調を合わせて県道に定植した。

春には淡い緑色の芽吹き、秋には黄褐色の紅葉、そしてやがて落葉して裸木となり、一面冬

緑を湛えたメタセコイア並木（00.9.3）

裸木の頃のメタセコイア並木

景色。冬の日は虎《もが》落笛《りぶえ》に身震いする。何時にあっても夕暮時には一抹のもの悲しさを漂わす。その四季折々の表情は実に豊かである。

　マキノ高原スキー場へのアプローチ道で、秋にはクリの実採り、冬にはスキー客で賑わう。最近、「近江かたくりの里」がオープンし、春にも里山散策に多くの人が訪れる。

　筆者が訪れた六月末、どこまでも続く感じのする並木道を行くと、両側の栗園から晩生のクリの花の香が鼻をついた。栗園の中ほどにはマキノピックランドがあり、レストランや農産物直販所、多目的広場などが整備されている。

　一九九四年（平成六）には読売新聞社選定の「新・日本の街路樹百景」に選ばれている。

（中村）

34

白谷のヤブツバキ（夫婦椿）……【ツバキ科】

所在地 高島郡マキノ町白谷　**所有者** 大村進氏
樹　高 8・5m　**幹　周** 258cm（男木）、159cm（女木）
樹　齢 推定400年　**区　分** 歴史木、ご利益木

マキノ町白谷《しらたに》は琵琶湖の北西に位置し、四季の彩りが楽しめる自然豊な土地柄である。集落内には築二〇〇年の茅ぶき民家があり、白谷荘民俗資料館として公開されている。

伝説を秘めた夫婦ツバキ（03.4.13）

この白谷荘近くの道端に二本のヤブツバキの古木がある。幹の太い方が「男木」、細い方が「女木」とされ、二本とも同時期に植えられたものと思われる。男女が寄り添う姿に似ていることから、地元では「夫婦《めおと》椿」と呼ばれ親しまれている。「子宝にも恵まれる」と信じられ、信仰の対象ともなっている。また、このツバキには森鷗外の小説『山椒大夫』に登場する安寿姫と厨子王が、忠臣・大村次郎信澄の死を弔《とむら》って植えたという言い伝えがある。

月の一日と一五日には塩で清め、花期（四月一〇日頃に開花）にはコケや地衣類を取りのぞくため、幹をたわしでこすって手入れをされている。（吉村）

35 八幡神社のタブノキ………【クスノキ科】

所在地　高島郡マキノ町石庭　　所有者　八幡神社
樹　高　28m　　幹　周　655cm
区　分　巨木

八幡神社は石庭《いしば》集落入口の左脇にあり、創祀年代は不詳である。社伝によれば式内鞆結《ともゆい》神社とあり、今も神社傍らの地を鞆結といい、境内を添うて流れる川を鞆結川という。また、南鞆結、北鞆結という小字もあることが、歴史の証である。

社殿には直径約一〇cmの方扁形の神石があり、透見すると数字の見える天然の奇石がある。

また『記紀』に記されている仲哀天皇通過の道筋とも伝えられ、当神社を俗に「高麗の御前」と称するのは、「三韓征伐」の故事に由来するという。

この八幡神社にあるタブノキは、裏側から見た限りではどこにでもありそうな大きさ、姿をしていてよく注意しないと見落としてしまいそうである。しかし、いったん木の傍にいくと、思わず感嘆してしまう。すぐ横には祠《ほこら》があり、樹勢は旺盛で苔むした幹にはキヅタが巻きつき、木を取り囲むようにヤブツバキやヤブランなどが密生している。

（蓮沼）

苔生したタブノキの巨木（03.4.13）

36

誓行寺のイブキ ……【ヒノキ科】

所在地　高島郡マキノ町西浜　所有者　誓行寺
樹高　(左)10m (右)11m　幹周　(左)253cm (右)200cm
区分　巨木

西浜の湖岸沿いに真宗大谷派の誓行寺《せいぎょう》がある。この寺は、蓮如が本願寺の住職になって五年後の一四六二年（寛正三）から、京都の大谷廟堂が延暦寺僧兵によって壊された翌年の一四六六年（寛正七）までの時期に、天台宗から改宗したと伝えられる。

2本のイブキの古木（03.3.21）

　この時期は、蓮如が本願寺宗主となって間のない頃であり、比叡山の僧兵に追われて湖西、湖南の地に身を寄せようとしていた時期であるといわれている。

　寺の山門を進むと、本堂の裏側に枯山水の庭園があり、小高いところに、ふさふさとした緑を擁するイブキの古木二本が植えられている。両方とも枝は上部にまとまって出ているが、幹の大部分は木部が露出し老木を思わせる。写真の向かって左側の木は途中から四本にわかれているが、右側の一本は幹の空洞化が進み樹勢は弱ってみえる。（蓮沼）

37 海津のケヤキ ……【ニレ科】

所在地　高島郡マキノ町海津
樹　高　24m
樹　齢　推定300年以上
所有者　吉田茂芳氏
幹　周　442cm
区　分　景観木、目標木

マキノ町海津《かいづ》の美しい石積みが続く琵琶湖畔にそびえる巨木である。海津は古くから京都と北陸を結ぶ海上交通の要衝として繁栄した港町であった。

「当時、このケヤキの近くに港があり、丸子船が貨客の輸送に使われていた。この木が湖上交通の目印になっていた」と所有者であり造り酒屋の吉田さんはおっしゃる。砂浜に立ってあたりを見ると、遠くに竹生島を見ながらこの木を目標にしていたことがしのばれる。

海津浜の石積みは、強い風波のたびに住宅に被害があったため、一七〇三年（元禄一六）、約一kmにわたり築かれたものである。この石垣近くでケヤキは風雪に耐えて堂々と枝を湖上に張り出し、今も湖岸の景観を引き立てている。

（岡田）

湖上からみたケヤキ（03.4.13）

38 海津のエドヒガン（清水の桜、見返りの桜）……【バラ科】

所在地　高島郡マキノ町海津　所有者　願慶寺
樹高　15m　幹周　320、290cm（二分枝）
樹齢　推定300年以上　区分　指定木（県自然記念物）、歴史木、墓標木

マキノ町海津《かいづ》集落の清水《しょうず》墓地にはエドヒガン（アズマヒガン）の巨木がある。根元付近から二本に枝分かれし、主幹は上方と北側に枝を広げ、支幹は南側に枝を伸ばしてバランスよく立っている。

水上勉の小説『桜守』の主人公となった桜の名木であり、加賀・前田藩の歴代藩主が上洛の際、何度も振り返りその美しさを愛でたので、以来、「見返りの桜」と呼ばれるようになったとの由来をもつものである。

また、この桜の木は三～四分咲きの頃に全体が真紅に染まるので、地元では「血の出るような赤い花の木」と呼ばれており、近くの海津大崎の桜よりも三日程度早く満開となる。一九九一年（平成三）には開花が少なくなったため、三～四年かけて県内外の樹木医による治療がなされ、ようやく樹勢が回復した。

エドヒガンは桜の仲間では最も長寿の種類であり、全国各地に名木や巨木が残されており、「根尾谷の淡墨《うすずみ》桜」など樹齢が千年を越すものも少なくないので、この木も大切に保護したいものである。

なお、当地に近い今津町の百《もも》瀬《せ》川、酒波《さなみ》川、石田川の流域には、この木に匹敵する巨木や古木を含めた百本以上のエドヒガンが自生しているのが確認されており、エドヒガンがこれほど多く自生しているのは全国的にも非常に珍しく貴重である。　（鹿田）

『桜守』に登場するエドヒガンの名木（03.4.13）

満開の頃の
エドヒガン
（03.4.13）

39

海津大崎近辺のサクラ並木 ………【バラ科】

所在地　高島郡マキノ町海津、伊香郡西浅井町大浦
路線名　県道557号（西浅井マキノ線）
形　式　片側（両側）一列、路肩
樹　種　サクラ類［ソメイヨシノなど］（海津側533本＋大浦側505本）
区　分　地方並木、水辺並木

マキノ町海津《かいづ》から西浅井町大浦に向かって県道（旧国道三〇三号）を進むと、大崎観音の手前あたりから湖岸沿いにサクラ並木が数kmにわたって続き、花期には花のトンネルとなる。

このサクラ並木は一九三六年（昭和一一）、大崎トンネルの開《かい》穿《せん》と湖岸道路の開通を記念して植えられたものである。旧海津村役場がソメイヨシノの苗木一千本を購入し、県職員の宗戸清七らの手で植えられたものを、地元住民が大切に守り育ててきた。将来に夢を託した地元住民の心意気がうかがわれる。

七〇年近く経過した現在、幹周一五〇cm、高さ一五mほどに成長し、枝葉は道路をおおい尽くさんばかりに茂っている。花の見頃は四月中旬で、近畿地方ではやや遅咲きのサクラの名所として知られている。花のシーズンになると大崎観音付近を中心に茶店が賑わい、ボンボリが吊り下げられて夜桜も楽しめ

県内随一の桜の名所（89.4.2）

る。最近は観桜船が出航し湖上からの花見を楽しむことができる。湖面に差し出す花の掌が客を誘い、散る花びらは湖面にたゆたい、あるいは渦を巻いて流れていく。あいかわす人の声、ユリカモメが花に酔って翻る。

年を経過して枯損木も目立つようになったが、伐採、補植するなど地元をあげて維持管理が行なわれている。こうした努力の甲斐あって、「日本のさくら名所百選」に選ばれた。

なお、花の時期には車の通行規制が実施されるので、事前に確認してから出かけるとよい。

（小山）

湖岸に続くサクラ並木［青木繁氏撮影］

40

願慶寺のウメ（紅梅）

……【バラ科】

所在地　高島郡マキノ町海津
樹高　6m
樹齢　推定700年以上
所有者　願慶寺
幹周　124cm
区分　歴史木、お手植木、景観木

「梅寺」の紅梅（03.3.21）

旧国道三〇三号沿いの梅霊山願慶寺《がんぎょう》は一二九〇年（正応三）、覚如聖人が創建した真宗大谷派の古刹で、境内の鐘楼近くには紅梅の老木がある。梅霊山と号し「梅寺」とも呼ばれるのはこの木にちなんでいる。

木曾義仲が近江瀬田で討ち死にし、そのときに懐妊していた側室の山吹御前が海津近くに逃れきて子を生んだ。当寺はその子・義隆が一二〇七年（承元元）、北国流罪中の親鸞に教えを受けて草庵を結んだ地であるとされ、紅梅は義隆の手植えによるもので、山吹御前が生前こよなく愛したという。

近くには、井伊直弼がこの紅梅を詠んだ歌の石碑や松の古木もあり、コケや地衣類が着生した老梅の姿は素晴らしい景観を呈している。なお、白壁の塀の外へせり出したウメの枝は、大きくなった後継木のものである。

（岡田）

第2章　湖北エリア

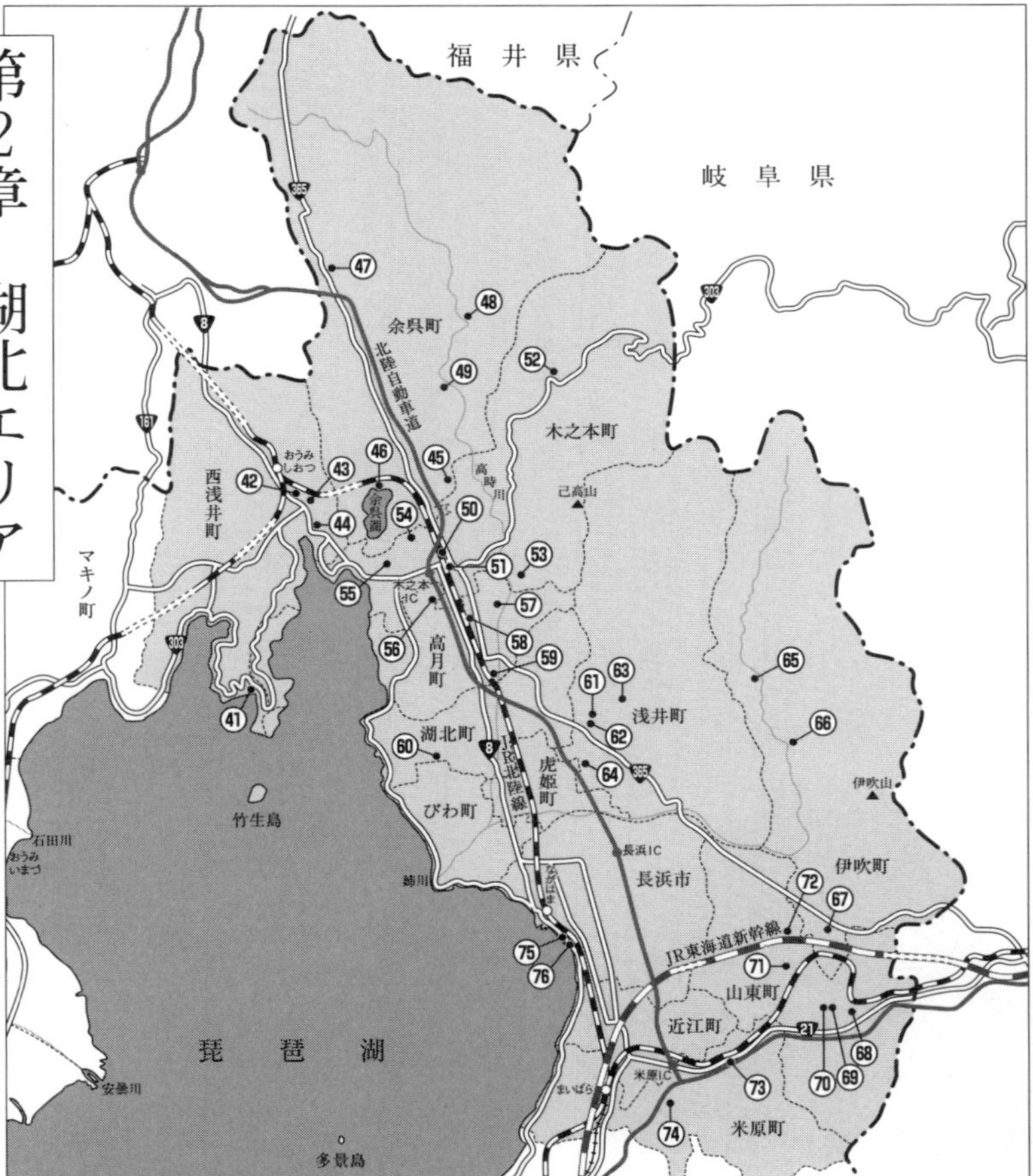
福井県
岐阜県
余呉町
北陸自動車道
木之本町
己高山
高時川
西浅井町
おうみしおつ
余呉湖
マキノ町
木之本IC
高月町
浅井町
湖北町
虎姫町
JR北陸線
びわ町
竹生島
石田川
おうみいまづ
姉川
長浜IC
長浜市
ながはま
伊吹山
伊吹町
JR東海道新幹線
山東町
近江町
米原IC
まいばら
米原町
琵琶湖
安曇川
多景島
芹川
ひこね
彦根市
犬上川
彦根IC
JR東海道本線
たが
多賀町
名神高速道路
三重県
沖島
愛知川
能登川町
愛知川町
豊郷町
甲良町
365
303
8
161
21
41
42
43
44
45
46
47
48
49
50
51
52
53
54
55
56
57
58
59
60
61
62
63
64
65
66
67
68
69
70
71
72
73
74
75
76

41 阿弥陀寺のタラヨウ………【モチノキ科】

所在地　伊香郡西浅井町菅浦
所有者　阿弥陀寺　樹高　16m
幹周　214cm　区分　巨木

西浅井町菅浦《すがうら》は、琵琶湖北部に北から突き出した葛籠尾《つづらお》半島の西岸の湾奥に位置する。琵琶湖の水深の深いところを臨む位置にあるため、湖北でありながら比較的温暖な地で、県内ではめずらしくミカンが栽培されている。

阿弥陀寺は、菅浦集落中央の湖を望む高台にあって、集落を見下ろすように建っている、時宗浄光山等覚院と号し、一三五三年（文和二）の開基と伝えられている。

本堂の横に暖地性の常緑樹・タラヨウの巨木がある。タラヨウは肉厚の葉の裏に先の尖ったもので文字を書くとそのあとが黒く残るので、古代インドで手紙や文書を書くのに用いた「多羅樹」の葉になぞらえてその名がつけられたという。

また、「ハガキの木」（郵政ハガキの原点）ともいわれ、「郵便局の木」に定められて各地の郵便局に植栽されている。なお、大津市の日吉大社にもタラヨウの大木がある。（長）

ハガキの原点・タラヨウ（02.11.24）

42 應昌寺のウラジロガシ……【ブナ科】

所在地　伊香郡西浅井町塩津中
所有者　應昌寺（管理者　神照寺）
樹　高　14m　**幹　周**　910cm　**樹　齢**　推定4～500年
区　分　指定木（町名木）、歴史木、御神木

應昌《おうしょう》寺は山裾にあり、場所が少々わかりにくい。国道八号から塩《しお》津《つ》中《なか》の集落に至る道に入り、神照《しんしょう》寺の少し手前の三叉路で右折して山手の方へ向う。曲がってすぐ左に舗装されていない細い道があり、五〇mほど行ったところに應昌寺がある。現在は無住寺で小さな本堂と庚《こう》申《しん》さんを祀《まつ》る小さな祠《ほこら》が残っているだけである。

かつて織田信長が朝倉攻めのため、馬に乗ったまま寺の門前を通ろうとしたところ、落馬した。その理由を里人にたずねたところ、この寺には古神木があり、寺前を馬で通過する者は皆落馬するという。以後、信長は馬を下りてこれを拝み、この地を去ったという。

古神木のウラジロガシは、祠の裏の急な斜面に根を張っている。樹高は一四mとそれほど高くないが、幹周は九mを越える巨木である。しかし、フジやイタビカズラが全体をおおい、幹の空洞や枯損、葉の病虫害などで、小枝には葉や堅果があまりついておらず、老木の域に達していることを思わせる。（和田）

巨大なウラジロガシの古木
(02.11.24)

43 香取五神社のタブノキ…【クスノキ科】

所在地 伊香郡西浅井町祝山　**所有者** 香取五神社
樹　高 20m　**幹　周** 677cm
樹　齢 推定400年以上　**区　分** 巨木

　国道八号の塩津浜《しおつはま》から東へ向かうと、ひときわ大きな美しいヨシ葺《ぶき》屋根が目を引く。ここは江戸時代に代々庄屋を務めた辻家であり、母屋や表門、蔵など四棟が国の重要文化財に指定されている。

　この大きな屋敷の後方には、参道のスギ並木をはじめケヤキ、タブノキなどの巨木が林立する村社香取五《かとりご》神社が鎮座している。とりわけ本殿裏にそびえるタブノキの樹齢は、一六〇〇年（慶長五）の関ケ原の合戦まで遡《さかのぼ》ること四〇〇年以上といわれ、幹周もタブノキとしては県内最大である。本殿前のもう一本のタブノキ（樹高二一m、幹周三八六cm）は、地上部もさることながら株元に表れた拳《こぶし》のような根は、塩津街道の歴史とともに育まれた風貌を呈する。

　地元で「ダモ」と呼ばれるタブノキは、暖地の海岸沿いに多い常緑樹である。滋賀県のような内陸で見られることは珍しいことから県では琵琶湖周辺の社《しゃ》叢《そう》や河畔などに残るタブ林を「郷土種」として保全に努めている。

（森）

県内最大のタブノキ（02.11.24）

44 林家庭園のサルスベリ……【ミソハギ科】

所在地　伊香郡西浅井町塩津浜　所有者　林謙太郎氏
樹　高　（A）6m（B）6m
幹周　（A）107cm（B）119cm
樹　齢　推定200年　区　分　景観木

塩津湊《しおつみなと》は海津《かいづ》、大浦とともに湖北三湊とよばれ、古代以来、北陸と畿内を結ぶ重要な湊であった。北陸・敦賀の港に集められた加賀や能登、越後からの物資は、塩津街道を越え、塩津湊から琵琶湖・湖上を大津に輸送し、京都へ運ばれた。

花が満開の頃のサルスベリ（95.8.29）

塩津湊には本陣がおかれ、廻船問屋や旅籠《はたご》が街道に沿って並んでいた。庭にサルスベリが植えられている林家は、屋号を半平「敦賀屋」と言って江戸時代、旅籠を営んでいた家である。当時の面影が残る庭園は、遠くの山を借景に池を配置している。その池の周りにおそらく、江戸末期に庭がつくられたとき植栽されたと思われる古木のサルスベリが二本ある。薄紅色の花はお盆過ぎから九月初め頃が見ごろとなる。（長）

45

菅山寺のケヤキ（菅公お手植の欅）……【ニレ科】

所在地 伊香郡余呉町坂口　**所有者** 坂口区
樹高 (左)24m (右)15m　**幹周** (左)746cm (右)665cm
樹齢 推定1100年
区分 指定木（県指定自然記念物）、お手植木、御神木

余呉町坂口の大箕山《おおみ》（標高四八二m）の尾根からやや下ったところにある菅山《かんざん》寺は、菅原道真公ゆかりの寺として知られ、付近一帯には貴重なブナ林が残存している。縁起書によれば、菅山寺の開基は七六四年（天平宝字八）の照檀上人で、その後、八八九年（寛平元）に勅使・菅原道真が堂宇等を修復建立し、中興したとされる。現在は住職不在の無住の寺である。

菅山寺の朽ちた山門の左右には、ケヤキの巨木が各一本、どっしりと腰をおろしている。山門に向かって左側のケヤキは幹周七四六cm、樹高二四mで、地上六m付近で幹は二つに分かれている。枝の枯損がみられるもの、健全度は概ね良好である。

一方、右側のケヤキは幹周六六五cm（空洞部含む）、樹高一

山門前に佇む2本のケヤキ（02.12.24）

五mで、幹の下部が大きな空洞になっているほか、梢や枝などに枯損がみられ、枯死が心配さ

深緑に包まれたケヤキ（94.7.28）

れる。いずれも幹にはコケや地衣類、ノキシノブなどがびっしりと着生し、古い歴史を感じさせる。

このケヤキには菅原道真にまつわる次のような伝説がある。道真が六〜一一歳までこの地で修業した後、四五歳のとき宇田天皇の勅使として再びこの地に赴いたおり、幼少の頃の追懐《ついかい》禁じがたく、二本のケヤキと一本のウメを記念に植えられたという。ウメの木は現存していないが、山門前に残る神さびたケヤキは、確かに「菅公お手植え」を彷彿《ほうふつ》させる。

なお、菅山寺周辺には、当地の自然植生であるブナ・ミズナラ林がわずかに残存しており、新緑や紅葉の頃は見事である。

（大谷）

46 余呉湖畔のアカメヤナギ（天女の衣掛柳）……【ヤナギ科】

所在地　伊香郡余呉町川並　所有者　川並区（北野神社）
樹　高　11・0m　幹　周　240cm、220cm（二又状）
区　分　歴史木、景観木

光輝く美しい湖に魅せられた八人の天女の姉妹が、白馬に化身して舞い降り、湖のほとりの一本の柳の枝に羽衣を掛けて水浴していた。それを近在の伊香《いか》刀美《とみ》という人が見かけ、末娘の羽衣を隠してしまったため、末娘は天に帰れなくなった。仕方なく伊香刀美と夫婦になり、男女四人の子供を生んだ後、羽衣を見つけて天に帰っていったというのが、余呉湖に伝わる「羽衣伝説」である。

ところで、この伝説の伊香刀美とは藤原氏の系図の中にみられる伊香津臣命《いかつおみのみこと》であり、伊香《いか》具《ぐ》神社の祭神である。また、余呉湖のほとりの乎弥《おみ》神社の祭神は、その子供の臣知人命《おみしるひとのみこと》と梨《なし》迹臣命《とおみのみこと》であるといわれる。

余呉湖にはもうひとつの伝説がある。余呉の川並の村長《むらおさ》を勤

余呉湖畔のアカメヤナギ（03.4.13）

黄葉した頃のアカメヤナギ（02.11.24）

める桐畑太夫と天女の間に生まれた男の子が、母親が天に帰った後、近くの菅山《かんざん》寺で修業し、菅原是善の養子となった。この人が後に「学問の神様」として祭られる天神様、すなわち菅原道真公であるという。

　このように、神秘とロマンを秘めた余呉湖にまつわる伝説は、湖北の歴史と深く結びついて今に伝えられている。

　余呉湖のほとりで県道側に大きく枝を広げ、アカメヤナギとしては滋賀県一を誇るヤナギの巨木が、伝説の「天女の衣掛柳」として知られている。地域の人々に守られ、いたんだ傷も治療を受け、この余呉湖で水に戯れる美しい八人の姉妹を、今も静かに見守っていることだろう。

（奥村）

47 椿坂のカツラ（桂照院の桂）

【カツラ科】

所在地　伊香郡余呉町椿坂
樹高　29m
樹齢　推定500年
所有者　椿坂区
幹周　350、315、303cm（株立ち）
区分　歴史木

天にそびえるカツラ（03.8.25）

椿坂《つばきざか》の国道三六五号（北国街道）沿いの桂照院《けいしょういん》跡に一本のカツラの巨木がある。株立状で三本の主幹は幹周三～三・五mで、直立した幹に多くの細い小枝が手を広げたように伸びている。カツラは春の芽出しの紅色がとても美しい。桂照院の名は、夕日に映えるこのカツラの木にちなんだものといわれている。寂しそうな山裾に立つカツラの木と鈴木家の墓、歴史の重みを感じる。

天下麻の如く乱れた室町時代末期、椿井（現在の椿坂）に奥嶋大膳率いる山賊の一団三百人余が住みつき、南は木之本、長浜、北は越前、若狭の国まで出かけ悪業を重ねていた。天皇の命を受け、一四六九年（文明元）三月始め、鈴木重春は近江の守護職佐々木氏の侍三百人余を率いて大膳をとらえた。

その後、鈴木氏はこの椿井に住みつき、四代目重国が鈴木家の菩提寺として桂照院を建立した。余呉町池原の曹洞宗全長《ぜんちょう》寺の元寺であり、奈良の慶田寺より見龍雲仲師が招かれたが、明治になって鈴木氏が転出すると寺院も寂れ、昭和の初めには廃寺となった。

椿坂にはこうした歴史を物語るカツラの巨木と鈴木家の墓が残っている。ちなみにカツラの木は、谷川から流れてきた枝が逆さに地面に突き刺さりながらも根を張り、巨木になったといわれている。現在、木には多くの植物が着生し、幹の枯損もみられ、十分な手当てが必要である。

（片岡）

根元の株立ちのようす（03.11.23）

48

菅並のケヤキ（愛宕大明神）

【ニレ科】

所在地　伊香郡余呉町菅並
所有者　菅並区
樹高　32m
幹周　840cm
樹齢　推定700年以上
区分　御神木、守護木

国道三六五号の中之郷《なかのごう》交差点（余呉町役場前）で東に折れ、県道を七～八kmほど進むと菅並《すがなみ》の集落に着く。県道が高時川を横切る手前に民家があり、ひときわ高い木が目立つ。すぐ近くに小さな川が流れており、周りはスギの植林で囲まれている。

樹高を測定すると三二mもあり、県の説明板（平成三年）に記載されている二五mよりかなり高いと思われる。樹形はケヤキ独特の盃状であり、ほとんど手が加えられていない自然の樹形である。しかし、近くで見ると大きな根が横に伸びており、その姿は異風である。幹にはコケを中心にキヅタやマユミの小木、ノキシノブやオシャクジデンダなどのシダ植物が着生しており、いかにも古木の威風をかもし出している。

自然樹形が美しいケヤキ（02.11.24）

木に祀られた「愛宕大明神」(02.11.16)

一九八八年度(昭和六三)に環境庁(当時)が行った全国の巨樹・巨木林の現況調査をまとめた報告書(一九九一)によると、菅並のケヤキは幹周八二〇cmで、県内の巨木では六位、ケヤキの中では四位であり、滋賀県有数の巨木といえる。ちなみに同調査で全国一位のケヤキは、幹周一五・四mもある福島県猪苗代町本町の「天子のケヤキ」である。

菅並の大ケヤキは「愛宕《あたご》大明神」とも呼ばれ、菅並集落の火の神様である。菅並東組が毎年一月二日に京都の愛宕神社に参拝し、御神符をいただき供えるとのことである。

(西久保)

49 上丹生のケヤキ（野神）…【ニレ科】

所在地　伊香郡余呉町上丹生
樹高　30m
樹齢　推定800年以上
所有者　上丹生区
幹周　795cm
区分　豊饒木

国道三六五号の中之郷《なかのごう》交差点（余呉町役場前）で東に折れ、県道を四～五kmほど進むと上丹《かみに》生《う》の集落に着く。丹生小学校のすぐ先の、高時川を渡る小さな橋の手前の道路の脇に一目でわかる巨木が立っている。幹の傷みが激しい。大枝が上部で何本も切られており、太い幹が二つに分断され、空洞が目立ち痛々しい。

筆者らは幹周を測定するとき、枯れた幹を除いたので七九五cmであったが、環境庁（当時）の巨樹・巨木林調査報告（一九九一）では幹周九一〇cmとなっており、県内の巨木で三位、ケヤキで二位とされている。

日本では古来、山や木など自然のものを「野神」、特に巨木は「野大神」と呼ぶ自然信仰がある。「野神」である木にまつわる祭りも多い。上丹生では毎年八月二四日に行われる「野神祭」でケヤキ（野神）に御神酒をあげ、ホオノキで作った長刀が奉納される。この老木を神の依代《よりしろ》として「野神祭」がいつまでも行われることを望む。

（西久保）

逞しい生命を感じさせるケヤキの老木（02.11.16）

50 木ノ本駅前のシダレヤナギ…【ヤナギ科】

所在地　伊香郡木之本町木之本
所有者　木之本町
樹高　13m
幹周　205cm
区分　象徴木

「木之本地蔵」は当初、光を放つ仏様をヤナギの大木の傍らに安置したことから「柳之本地蔵」と呼ばれた。その後、「木之本」と呼ばれることとなり、地名の起源にもなったといわれている。

また、北国街道の宿場町として繁栄していた頃、木之本地蔵の前には豊富な水が流れ、人馬の憩う柳並木があったそうである。

ヤナギとは縁の深い木之本。

今、JR木ノ本駅前に街路樹や水辺の並木として各地に植栽されているシダレヤナギが一本立っている。かつて、駅周辺には街路樹として多くのシダレヤナギが植えられていたが、枯れたり倒れたりしたためにすべて伐採されることとなった。しかし、幼少から慣れ親しんできた福田屋店主の強い希望により、たった一本残され、今や木之本の各時代のヤナギを語るシンボルとなっている。

早春、芽吹きが寒風に揺れる姿は春の使者のようである。（森）

風になびくシダレヤナギ（03.4.13）

51

轡の森のイヌザクラ

……【バラ科】

所在地　伊香郡木之本町木之本
樹高　11m
樹齢　伝承400年
所有者　木之本町
幹周　298、173cm（二分枝）
区分　指定木（町保護樹木）、墓標木

轡の森のイヌザクラ（03.4.13）

ＪＲ木ノ本駅に近い人家に囲まれた小さな公園の中にイヌザクラがあり、四～五月に総状の白い花を枝先に多数つける。イヌザクラは近縁のウワミズザクラによく似ているが、花序に葉がつかないことや葉脚がくさび形であることで区別される。このような巨木が町中にあることは非常に珍しいことである。

当地の名前の由来は、木之本地蔵の大法要の際に、伊香具《いかぐ》神社の神主が乗った神馬の轡《くつわ》（馬の口にはめる金具）と足を洗い、休憩した場所を「轡の森」と呼んだことに始まる。

また、イヌザクラについては

次のような言い伝えがある。豊臣秀吉が関ケ原から賤《しず》ケ岳に早馬で駆けてきたが、この地で馬が死んでしまった。その際に、鞭《むち》として使われていたイヌザクラの枝を塚に挿したところ、大木に成長したというものである。

一般的にサクラ類は古木の内部や枝が腐朽しやすい。この木も樹体内に大きな空洞があり、ハチが大きな巣を作る状態となって主幹が倒伏する心配も生じたため、一九九八年（平成一〇）、腐朽部の除去や倒伏防止のためのワイヤー掛け等の治療が、地元の樹木医により行われた。

現在、このイヌザクラは公園内の限られた範囲にしか根を広げられず、一部に枝先が枯れた箇所も見受けられるが、多くの葉が茂り生育は旺盛であるため、この状態をいつまでも維持して欲しいものである。

（鹿田）

黄葉した頃のイヌザクラ（02.11.24）

参道からみたイチョウ（03.5.1）

52 石道寺のイチョウ（火伏せの銀杏）

……【イチョウ科】

所在地　伊香郡木之本町杉野
樹高　35m
樹齢　推定300年
所有者　石道寺阿弥陀堂（的場区）
幹周　440cm
区分　指定木（県自然記念物）、防災木

北国街道の宿場町として栄え、観音巡りで知られる木之本町のJR駅前から湖国バス金居《かない》原《はら》行に乗り、杉野の農協前で下車して徒歩五分ほどのところに、石道寺《しゃくどう》の大イチョウがある。イチョウは一科一属一種の雌雄異株で、「銀杏」「公孫樹」「鴨脚樹」などと書く。ここのイチョウは雌株で、春に訪れたところ、樹下に去年のギンナンがたくさん落ちていた。幹の一部にコケやノキシノブなどが着生し、天を衝《つ》いて立っており、皐月《さつき》の晴れた空に青葉が映える。ここは横山岳や墓谷山の南麓に位置する杉野川谷合の集落である。

伝承によると、今から二五〇〜三五〇年前（江戸時代）に、五〇数戸の民家が焼失するという二回の大火の際、当寺だけはこのイチョウのお陰で火災を免れ、だれ言うことなく「火伏《ひぶ》せの銀杏《いちょう》」と呼ぶようになったという。「大火がいつ起こったのか、お寺の過去帳が文化文政（一八〇四〜二九）の頃までしか遡《さかのぼ》れないので、詳しくはわからない」と、土地の古老は口惜しそうに言われた。石道寺の境内には現在、鐘楼しか残っておらず、阿弥陀堂跡に「イチョウ会館」という村の集会所が建っている。

石道寺のイチョウは一九九一年（平成三）三月、滋賀県自然記念物に指定され、「火伏せの銀杏」として地域住民に崇められ、親しまれている。

（酒巻）

燃える炎のような樹形（02.11.16）

53

高尾寺跡のスギ（千年杉、逆杉）

……………【スギ科】

所在地　伊香郡木之本町石道
所有者　石道神前神社
樹高　36ｍ
幹周　810㎝（地上50㎝）
樹齢　推定1000年
区分　指定木（県自然記念物）、御神木

己高山《こだかみ》（標高九二三ｍ）一帯は比叡山よりも早く、奈良時代に行基によって白山信仰の流れをくむ山岳寺院が開かれた。その後、泰澄《たいちょう》、最澄に継承され三〇〇近い僧坊が大成されたと伝わる。その一つである高尾寺跡の「千年杉」には次のような言い伝えがあり、毎年四月二九日の祭りには注連縄《しめ》の掛け替えが行なわれている。

七二四年（神亀元）、この地を訪れた行基は自ら刻んだ十一面観音を奉り、鎮守に素戔鳴尊《すさのおのみこと》を祭神として勧請した。しかし、火災によりお堂である高尾寺や観音は焼失、祭神だけは難を逃れられた。年をへて最澄（伝教大師）が当地を訪れ、祭神前に玉串として杉の枝を挿したところ、寺の再興を促すお告げがあった。そこでただちに十一面観音を彫り、お堂を再興したところ、不思議なことにスギはスクスクと成長した。これを喜んだ最澄は「神前杉」と名づけ、次々に僧坊を興したという。その枝ぶりが根のように見えるので、村人には「逆杉《さかすぎ》」と呼ばれ、親しまれるようになった。

今、付近に当時の威光を偲ぶものはない。しかし、急傾斜地に幹周八一〇㎝の腰を据える巨木は、長寿の木とはいえ、よくぞここまで頑張ってくれたと、畏敬の念を抱かずにはいられない。これからも「伝承の生き証人」として末永く年輪を刻んでほしいものである。

根のような枝ぶりのスギ（03.3.30）

近年、地元の歴史愛好家のご尽力により、己高山周辺の参道や史跡の整備が進められ、その繁栄ぶりが周知されるようになった。（森）

54

黒田のアカガシ（野神）……【ブナ科】

所在地　伊香郡木之本町黒田　　所有者　黒田区
樹高　15m　　幹周　720cm（六本の株立ち）
樹齢　300～400年
区分　指定木（県自然記念物、新・日本名木百選）、御神木、豊饒木

野神として祀られたアカガシ（03.8.25）

黒田のアカガシは北陸自動車道木之本インターチェンジから車で北へ五分程度の大沢集落の裏山にある。このアカガシの巨木は、一九九〇年（平成二）、大阪鶴見緑地で「国際花と緑の博覧会」が開催された際に企画された「新・日本名木一〇〇選」に、滋賀県では「南花沢のハナノキ」とともに選ばれた。

　元来、アカガシは比較的暖かい地域に自生する常緑樹であるが、雪の多い当地でこのような巨木となっているのは非常に珍しく、近隣の余呉町菅山《かんざん》寺や西浅井町山門《やまかど》の山中にアカガシが自生しているのと同様に、学術

的にも高い価値があると考えられる。

湖北地方には「野神さん」と呼ばれて親しまれている巨木が多く見受けられるが、この木も古くから御神木として崇められ、現在も毎年八月一七日には野神祭が行われている。

現在、アカガシの樹勢は旺盛であるが、これは背後の樹木を伐採して光が入るようになったことと、樹木医の二度にわたる治療により樹勢が回復してきたものと考えられる。

一般的にカシ類は幹が腐朽しやすく、全国的にもイチイガシ以外で巨木と呼ばれるものは少ないが、当地の近くの大音《おおと》区には「一ノ宮のシラカシ」と呼ばれるシラカシの巨木（野神）もあり、巨木が大切に保護される土地であることを示している。

（鹿田）

治療が施された根元（02.11.24）

55 一ノ宮のシラカシ（野大神）……【ブナ科】

所在地　伊香郡木之本町大音　所有者　大音区　樹　高　20m
幹　周　南株369cm、245cm（下部が二裂）北株460cm
樹　齢　伝承400年
区　分　指定木（町指定天然記念物）、御神木、豊饒木

一ノ宮のシラカシは大音《おおと》区内の伊香具《いかぐ》神社の東の端にあり、余呉川にかかる一ノ宮橋のすぐ西に位置する。このシラカシの巨木は、幹の内部が空洞化し、南北に分断されているため、倒壊防止のためのワイヤーが掛けられているが、樹姿が優れているため、一九九七年（平成九）に木之本町の天然記念物に指定された。

シラカシの南株（左）と北株（右）（03.7）

近くの「黒田のアカガシ」と同様に、「野神」と呼ばれ親しまれている巨木であり、七月初旬の半夏生《はんげしょう》に御神酒《おみき》が供えられ、毎年注連縄《しめ》が掛け替えられている。

シラカシはカシ類の中で、特に幹の内部が腐朽しやすい種類であるため、全国的にも巨木は少ないが、この木は健全であれば七m以上の幹周があるものと推定され、完全に幹が空洞化しているにもかかわらず、枝葉はよく茂り、老樹の生命力に驚かされる。

（鹿田）

下部が2裂した南株（03.8.25）

56

唐川のスギ（野大神）

……【スギ科】

所在地　伊香郡高月町唐川　所有者　唐川区
樹高　26m　幹周　800cm
樹齢　推定600年以上　区分　御神木、豊饒木

国道八号の木之本町「千田《せんだ》」交差点から県道二六一号を西に進み、北陸自動車道の高架をくぐると唐川《からかわ》の集落が見えてくる。集落の東のはずれに一本のスギの巨木がある。地元の古老の話によると、「この地に昔、郡役所があって、二本のスギが植わっていた。この木はその内の一本で、もう一本はその切り株が子どもの頃には残っていた」とのことである。ここ唐川近辺は千田方面からの木流しの集積地であったともいわれる。

現在、残った一本のスギは野神として崇められ、大切にされている。八月二〇日のお祭りには注連《しめ》縄を張り替え、五穀豊穣を祈る。スギの幹は地上約六m付近で大きく三つに分かれ、真ん中の幹にはツタが絡み付き、梢は枯れている。古老の話では、今までに落雷が一回あった覚えがあるという。このスギの木について一説には、観音さまを沈めた目印とした云々という言い伝えもある。

近くの湧出山《ゆるぎ》の南麓には伊香郡西国一五番札所の赤後寺《しゃくご》観音堂があり、千手観音立像と菩薩立像（通称転利《ころり》観音、ともに重文）を本尊としていることもあり、観音さまには縁がある。（中村）

枯れ枝が目立つスギ（03.3.23）

57 天川命神社のイチョウ（宮さんの大銀杏）……【イチョウ科】

所在地　伊香郡高月町雨森
樹高　32m
樹齢　推定300年
所有者　天川命神社
幹周　630cm
区分　指定木（県自然記念物）、景観木

樹勢の旺盛なイチョウ（00.11.26）

高月町雨森《あめのもり》は江戸時代の儒学者、雨森芳洲《ほうしゅう》の生誕地として有名である。芳洲は朝鮮の釜《プ》山《サン》に三年間滞在し、対馬藩で朝鮮外交を担当する役人となって朝鮮通信使との対応で活躍し、朝鮮にかかわる著書を多く残している。江戸時代において最も朝鮮を知る人物の一人であったといえよう。そこで、雨森地区では生家跡に東アジア交流ハウス「雨森芳洲庵」を建て、芳洲の業績を称えている。そこには芳洲の肖像画、著書などが展示してある。

雨森地区には天川命《あまがわのみこと》神社がある。社伝によれば、太古「天川命」が天からこの地に降り、その神孫がこの村を開拓したので、当地を「天降里」と称したが、後に現在の雨森と改称したという。

　神社入口近くの鳥居横の石垣のあたりに大きなイチョウの木がある。樹高が三二m、幹の周囲が六mを超える大木であるため、遠くからでもよく目につく。幹はまっすぐに伸びて天に向かい、枝は手を広げたように伸び、手入れも十分にされており、見る人に威厳を感じさせる。幹周では県下最大級のイチョウであり、滋賀県自然記念物に指定されている。また、地元では「宮さんの大銀杏」と呼ばれ、地域住民に親しまれている。

　さらに拝殿の奥の方までいくと、大きなケヤキがみられる。樹高三〇m、幹周り五三〇cmで、そばに小さな社がある。このケヤキは幹の途中で二又に分かれ、どちらも頭頂部が欠損しているのが残念である。

（和田）

「宮さんの大銀杏」に相応しい風格（00.11.26）

58

八幡神社のケヤキ（柏原の野神）……【ニレ科】

所在地　伊香郡高月町柏原
所有者　八幡神社
樹高　20m
幹周　880cm
樹齢　推定300年以上
区分　指定木（県自然記念物）、御神木、豊饒木

ケヤキは建築用装飾材などによく使われ、木目がきれいなので、「けやけき木」といい、尊い木、秀でた木の意味であったらしく、室町時代前後から用いられた言葉といわれる。それ以前は「槻《つき》」といわれた。元来、ケヤキは巨木に育つ木で「神がつく」と考えられたゆえに「ツキ」の名で呼ばれ、「神が宿る」とか「木の精（木霊）が宿る」などといわれる。

高月は昔は「高槻」と呼称されていた。ケヤキが多かったためである。平安後期の歌人、大《おお》江匡房《えのまさふさ》（一〇四一～一一一一）が月見の名所として次の和歌を詠んだことから、「槻」の字を「月」に改めたといわれる。

近江なる高月川の底清し
　のどけき御代のかげぞ移れり

秋といえば光を添えて高月の
　川瀬の浪も清く澄むなり

高月町教育委員会が定めた「月の名所十選」の中に、「柏原《かしはら》の野神ケヤキ」も選ばれている。この木は県内でも有数の巨木で、樹齢三〇〇年以上、幹周は八・八メートルあるが、それでもケヤキとしては壮年期であるらしい。国道三六五号の「柏原南」交差点に位置し、高時川も近い。土地（農地）を守る神の宿すところとして、正月にはケヤキの注連《しめ》縄を張り替え、八月一六日の祭日には高さ五メート

野大神の風格を湛えるケヤキの幹（03.5.1）

ルの洞に新しい御幣《ごへい》をたてて五穀豊饒を祈る。湖北地方の村に多い「野神さん」という祭事である。

（酒巻）

こんもりと茂るケヤキ（03.5.1）

59 高時川堤防のサクラ並木……【バラ科】

所在地　伊香郡高月町柏原～東浅井郡湖北町八日市
路線名　町道、その他道路
形　式　片側一（二）列・両側一列、路肩
樹　種　サクラ類［ソメイヨシノなど］（386本）
区　分　堤防並木

北陸自動車道を長浜から木之本へ向かう途中、左に虎御前《とらごぜん》山、右に小谷《おだに》城址を見ながら大きくカーブして高時川をわたるとき、川の上・下流の堤防には大きなサクラの並木がみられる。春には車窓からでも花見気分が味わえるほどである。とりわけ、湖北町八日市地先（県道二七八号新寿橋以北）および高月町高月～森本地先（国道三六五号阿弥陀橋以南）の堤防には、樹齢を重ねたソメイヨシノがそれぞれ六〇、七二本生育しており、見事な堤防並木を形成している。堤防の斜面では坂口安吾の小説『桜の森の満開の下』よろしくお花見弁当に舌鼓を打つ家族連れの姿がみられる。

阿弥陀橋以北の堤防並木（両側一列）は一部古木もあるが、大部分は一九九六年（平成八）以降に植えられた若いサクラ並木で、今後の成長が楽しみである。また、国道八号馬渡《もうたり》橋付近（湖北町馬渡、小今）にも比較的まとまったサクラ並木がみられる。（大谷）

高時川の見事な堤防並木（03.4.13）

60

田中のエノキ（えんね、榎実木）

……【ニレ科】

所在地　東浅井郡湖北町田中　　所有者　田中区
樹高　10m　幹周　476cm　樹齢　推定250年
区分　指定木（県自然記念物）、豊饒木、象徴木

「えんね」と呼ばれるエノキ（03.5.17）

田中集落の東側、整備された児童公園の一角に、こんもりと茂ったエノキの大木がみられる。木の傍らには野神を祀《まつ》る小さな社があり、野神さんの神木として崇められている。毎年八月二〇日には五穀豊饒をお祈りするお祭りが執り行われる。

古老によれば、この木は「一里塚」として言い伝えられてきたという。かつては街道として人の往来があったといわれ、「里柱」の印としてこの木が植えられたのだという。別名「えんね」とはエノキのことで、「えんね行ってあそぼー」等々、愛称のように呼ばれてきた。

樹木の健全度は、一部小枝が枯損し、葉が虫に喰われているものの、ほぼ良好である。なお、幹は地表二m付近で二又に分岐しているが、二本の合体木のようにもみえる。

（大谷）

61

瓜生(日吉神社)のヒイラギ……………[モクセイ科]

所在地　東浅井郡浅井町瓜生
樹高　5m
区分　指定木（町天然記念物）
所有者　日吉神社
幹周　180cm

古代豪族大連物部守屋《おおむらじ》の伝説が残る浅井町瓜生《うりう》。戦国武将浅井家三代の居城・小谷《おだに》城を控え、かつて大いに栄えたところである。瓜生の日吉神社境内には、ヒイラギの老木があり、今も芳香を放つ小さな白い花をつけている。葉にはほとんど鋸歯《きょし》がなく、年輪を重ねてきた証をみせている。この木は一五六一年（永禄四）に火災にあい、幹の半分を焼失したが、かろうじて生き残ったとされている。夏にはケヤキなどの巨木がしげり、空がふさがれて薄暗い境内だが、落葉して陽が差し込むと結構明るくなり、老木ヒイラギの安息の季節となる。

境内の宝物庫には珀清《はくしょう》寺の薬師如来座像（重文）が安置されている。また、東隣にはケヤキに囲まれた波久奴《はくぬ》神社が、北西へ山ひとつ越えたところには須賀谷温泉がある。

（小山）

ヒイラギの老木（03.3.23）

62

瓜生のカヤ

【イチイ科】

所在地　東浅井郡浅井町瓜生　　所有者　瓜生区
樹　高　7m　　幹　周　240cm（5株のうち最大）
樹　齢　推定450～500年
区　分　指定木（町指定文化財）、歴史木、奇木

株立ちした特異な樹形のカヤ（03.3.23）

瓜生《うりう》集落入口の県道二六五号沿いに、石燈籠とともにこんもりと茂ったカヤの老木（雌株）がみられ、周囲には多くの実を落としている。合計五株からなっており、幹周は向かって左から順に一五五、九〇、一四六、一一一、二四〇cmだった。幹の一部にはコケや地衣類が着生しているほか、キヅタが絡みついている。幹の頭頂部や下部が枯損し、空洞がみられるなど老木の域に入ってはいるが葉の茂り具合はよく、健全度はほぼ良好である。支柱が設置され、下草刈りなどの管理が施されている。

この木はかなり古くから生育しているようで、延宝年間（一六七三～八一）の「検地帳」の瓜生村の中に「カヤの木」の地名がみえ、一七二七年（享保一二）に作成された「瓜生村絵図」には、現在地と考えられる場所に一本の大木が描かれており、カヤの木と推定される。なお、瓜生のカヤの近くには、木造薬師如来座像（重文）で知られる珀清寺《はくしょう》がある。

（大谷）

63

観地神社のサイカチ……【マメ科】

所在地　東浅井郡浅井町力丸　所有者　観地神社
樹高　11m　幹周　360cm　樹齢　推定500年以上
区分　指定木（県自然記念物）、御神木、ご利益木

国道三六五号の浅井町「八島」の信号からやや南、野上のコンビニ手前で県道二七六号に入り、途中から町道を直進すると、県道二六五号に合流する。左折してしばらく進み、ため池の手前で左折すると力丸《りきまる》の集落があり、観地《かんち》神社のサイカチが見えてくる。

地元の伝承によれば、聖徳太子がこの地方を巡行された際、多くの人が病気やケガで苦しんでいるのを聞き、薬の木とされていたサイカチを神社の境内に植えたところ、病気やケガは少なくなり、以来、内外から多くの人が訪れ、信仰を集めるようになったという。

近所の人の話では、子どもの頃、この境内でかくれんぼなどをしてよく遊んだとのことで、東側の穴から樹の中に三人入って隠れ、それぞれ帽子や履物を取り替えて、上の子は頭、下の子は足もとがオニに見つかっても、名前がわからないように作為したという。今ではどこの神社でも見られない微笑ましい光景である。

現在、樹の根元の東側には石の地蔵さん、野神さんなどが置かれ西側には大きなケヤキの切り株がある。サイカチの世話（水やり、掃除）は近所の人たちがされている。

（中村）

開花の頃のサイカチ（03.5.17）

64

徳利池畔のヤマグワ……【クワ科】

所在地　東浅井郡浅井町尊野
所有者　尊野区　　樹　高　8m
幹　周　200cm　　区　分　景観木

徳利池畔のヤマグワ（02.12.8）

国道八号の虎姫町「酢《す》」交差点から東に延びる県道二七三号を進むと、浅井町に入る。北陸自動車道の高架をくぐり、片側一列のリンゴ並木が見えてきたあたりで、北方向に進むと尊野《そんの》の集落につく。集落から少し離れた田圃の中にこんもりとした大きな木が見える。ヤマグワの大木である。木の周囲はレンガの四段積みで円形に囲われている。北側からはきれいな大木に見えるが、根元は西側が三分の一ぐらい枯化していて空洞になっている。しかし、樹勢は旺盛で葉はよく繁っている。

木の北側には「徳利池《とっくり》」と呼ばれるハリヨの生息する湧水池がある。池には金網の囲いがしてあり、ハリヨの保護掲示板が立っている。また、南側と西側には一〇数本のサクラ（若木）が植栽され、その中にヤマグワが生えている。落葉の頃は目立たなかったが、葉のある季節には一段と大きく見える。西側の枯化が気にはなるが、今後はヤマグワ本来の性状に委ねてはどうだろうか。（中村）

65 吉槻(桂坂)のカツラ……【カツラ科】

所在地　坂田郡伊吹町吉槻　　所有者　吉槻区
樹高　20m　　幹周　860cm(主幹)、440cm(副幹)
樹齢　伝承1000年　　区分　指定木(県自然記念物)、豊饒木

桂は本来、月にはえる想像上の植物だという。ただ、中国でいう桂は、日本でいうモクセイのことで、風光明媚《ふうこうめいび》で有名な桂林に行っても、日本のカツラはない。月に生える空想上の植物が日本のカツラか、中国の桂か、月にいって調べてみたいものである。

さて、伊吹町吉槻《よしつき》には大きなカツラの木がある。伊吹から甲《こう》津原《づはら》に向かう県道四〇号の吉槻の集落に、姉川に向かう坂がある。この坂は「桂坂」と呼ばれている。その名の由来はもちろんここにあるカツラの巨木である。

この場所はちょっとした森になっており、カツラの奥のシラカシも向かいのイチョウも大きく育っている。姉川に注ぐ小さな流れのそばにあるため、カツラなど沢沿いの樹木に適した環境だからだろう。このカツラには、「枝を切ると血が出る」との言い伝えがあり、そのためにこれほどまで大きくなったのかも知れない。その上、白い蛇が住んでいたとの言い伝えもあり、大事に守られてきた樹木である。かつては、この下にお地蔵さんがあったそうで、今でも木の前には、みそぎの石鉢がおかれ、注連縄《しめ》が張られている。

解説板には樹齢一〇〇〇年とあるが、多賀町の井戸神社のカツラ（推定四〇〇年）より古いとは考えにくい。

京都の葵祭りの時に頭に挿し

「桂坂」沿いに生えるカツラ（01.7.9）

て飾られるのは、カモアオイ（フタバアオイ）ではなく、ほとんどカツラの葉のようである。ちなみに吉槻の「槻」はケヤキの古名である。この地では古くから良質のケヤキが採れたので、吉槻と呼ばれた。奈良時代に東大寺の建立に当たって、この地からも多くの材木が寄進されたという。

（藤関）

66

諏訪神社のイチョウ(乳銀杏)

……【イチョウ科】

所在地 坂田郡伊吹町上板並　**所有者** 諏訪神社
樹　高 28m　**幹　周** 主幹658cm
樹　齢 推定400年以上
区　分 指定木(町文化財)、歴史木、御神木、ご利益木

町の木がツツジ、鳥がウグイスという伊吹町は伊吹山麓に位置している。上板並《かみいたなみ》の集落は岐阜県境の奥伊吹スキー場へ向かう姉川沿いの道筋にあり、昔は西美濃と北近江とを結ぶ往来の激しい主要道であった。

武田信玄の乳母《うば》の親元は上板並地区で、諏訪神社は乳母が郷里に帰ってきた際、信玄の親元である信州の諏訪神社より分神されたことに由来する。そして、乳母とともに親元に帰ってきたイチョウの木を植え、「この木は私が大切にした乳の授かる神木。乳の欲しい人は祈るように」と遺言したという伝説が残っている。一説には、信玄の時代ではなく、子の勝頼の乳母がかかわっていたのではないかともいう。このイチョウは大きく成長し、現在、御神木として祀《まつ》られている。

姉川を挟《はさ》んだ山裾のやや傾斜地のスギの木立の中に、見事な乳状幹根をいくつも垂らしたイチョウの古木がある。年輪を重ねるにつれて乳が下がってくるとのことであるが、日頃はお目にはかかれない乳銀杏《ちちいちょう》であり、見る者を圧倒させる。

この地区の万伝寺《まんでん》には、戦国時代に織田信長に追われた石山本願寺の第十二世教如上人が杖《つえ》で地面に突き刺した際に出たとされる湧き水(教如水)が今もこんこんと湧き出ている。また、多くの昔話が残されており、歴史散歩と併せて訪れるのも楽しそうである。

(木村)

大きな乳状根を垂らすイチョウ（02.12.8）

67 杉沢のケヤキ（野神）……【ニレ科】

所在地　坂田郡伊吹町杉沢　　所有者　杉沢区
樹　高　27m　　幹　周　493cm
樹　齢　推定600年
区　分　指定木（県自然記念物）、豊饒木、境界木

伊吹山の麓、上野の登山口から南に約一km、国道三六五号をはさんで春照《すいじょう》小学校の南側に杉沢のケヤキがある。株元は大きなスギと一緒になっている。スギもケヤキも神聖な木として信仰の対象になったのであろうか。

ケヤキの語源は、牧野富太郎によると「けやけき木」で、顕著で尊く秀でた樹木の意味である。このケヤキの枝は横にも広く延び、樹高も高く、両手を高くかざしたようで典型的なケヤキの樹形をしており、きれいである。ただ、景観的にはスギが一緒に生えているのはミスマッチでどうかと思う。何か由縁があるのかも知れない。

湖北や湖東地方には、野神や野大神と呼ばれる巨木がいくつかある。樹種はケヤキ、スギ、アカガシなどであるが、伊吹町杉沢周辺にはケヤキが多い。その中でもっとも大きいのが、昔、村落が山麓側にあった頃、西南の結界にあたるとも推定される、この野神と呼ばれるケヤキである。そして、今でも五穀豊饒の守り神として敬われている。ケヤキの春の発芽の出方で、その年の豊作を占ったともいわれている。

周りはちょっとした草原になっていて、春にはニリンソウやカンサイタンポポ、オドリコソウなどが咲き乱れる。

（藤関）

スギと並んで枝を張るケヤキ（97.1.19）

68 中山道柏原宿周辺のマツ、カエデ並木………【マツ科、カエデ科】

所在地　坂田郡山東町梓河内〜柏原〜長久寺　路線名　町道
形式　片側一列・両側一（二）列、路肩
樹種　サクラ類［ソメイヨシノなど］（83本）、イロハモミジ（33本）、クロマツ（21本）
区分　地方並木

梓河内付近のマツ並木（01.11.23）

名神高速道路、国道二一号、中山道（旧道）が並進する山東町梓河内《あんさかわち》〜長久寺《ちょうきゅうじ》にかけての中山道（約四・三㎞）には、部分的にマツやカエデなどの並木が残っており、昔の街道並木の面影をわずかにとどめている。とりわけ、梓河内付近のクロマツ並木（一三本）と長久寺付近のイロハモミジ並木（二六本）は数は少ないが、いずれ劣らぬ大木や古木でなかなか風格があり、文化財的な価値が高い。

これらの並木の起源は江戸時代にさかのぼるといわれる。一七四六年（延享三）、江戸幕府は中山道に「清掃丁場」（清掃分担区域）の制度を設け、街道、並木や一里塚の清掃や修理、枯れ木の植え替えなどを命じている。一七五七年（宝暦七）五月には柏原宿の東方に二四六本、西方に三〇〇本の松を植えたという記録がある。また、柏原《かしわばら》宿の記録では一七五四年（宝暦四）から一八六〇年（万延元）までの一〇七年間に六六四本の松が枯れたという。枯れた松三本と大雨で倒れた松一本の処理について、柏原宿庄屋らが詳細を報告した文書「中山道並木枯松根返リ始末」「一八〇一年（享和元）八月」も残されている。

長久寺付近のカエデ並木（03.11.23）

なお、中山道では高宮《たかみや》宿の南（彦根市葛籠《つづら》町付近）にマツ、ケヤキなどの並木が残っているほか、鳥居本《とりいもと》宿（彦根市）や小《お》幡《ばた》宿（五個荘町）の中山道では、マツを補植して松並木の復活を図ろうとしている。

（大谷）

69

清滝のイブキ（柏槙）…【ヒノキ科】

所在地　坂田郡山東町清滝　　管理者　堀井藤造氏
樹高　10m　幹周　518cm　樹齢　推定700年
区分　指定木（県自然記念物、町天然記念物）、歴史木、守護木

鈴鹿山脈北端の山々に囲まれた静かな山村、山東町清滝《きよたき》の民家に樹高一〇m、樹齢約七〇〇年の老木・イブキがある。幹にはたくさんのコブができ、芯は空洞化しているようである。大枝、小枝も枯損して痛々しく感じるが、その木の姿には感動するものがある。

この木には京極氏にまつわる伝説がある。伊吹山から一株の苗木を投げて、飛んだ場所を根拠地にすると定めて投げたところ、ここまで飛んできて根づいたものであるという。これより西約一〇〇mのところに京極家の菩提寺・清滝寺がある。また、このイブキの生えている場所は京極高光の建立した勝願寺境内跡でもあることから、高光が伊吹山から移植したものともいわれている。

清滝の守護木・イブキ（02.12.8）

一九七五年（昭和五〇）には山東町の天然記念物に、一九九一年（平成三）年には滋賀県自然記念物にそれぞれ指定されている。町や樹木の所有者である堀井さんの手厚い保護のもとで、老木・イブキは清滝の守護木としていきづいている。

（片岡）

70

清滝寺（徳源院）のシダレザクラ（道誉桜）…【バラ科】

所在地　坂田郡山東町清滝　所有者　清滝寺
樹高　12m　幹周　232cm
樹齢　推定200年　区分　歴史木、後継木

　JR柏原《かしわばら》駅から西に約一・二km、清滝《きよたき》山の山すそに近江の湖北一帯を支配していた京極氏歴代の菩提を弔《とむら》う清滝寺（霊通山徳源《とくげん》院）がある。参道には桜並木が続いているが、境内に「道誉《どうよ》桜」と呼ばれるサクラの古木がある。このサクラはエドヒガンの一種で、イトザクラまたはシダレザクラともいわれ、細長く垂れた枝には淡紅色の一重の花をいっぱい咲かせる。

　足利尊氏に仕え、幕府の元老として勢力を保った京極氏五世の高氏（一二九六～一三七三）のお手植え（後継木）とされる。高氏は三一歳で仏道に入り「道誉」（導誉）と号したのにちなんで、「道誉桜」と呼ばれるようになった。近年衰えが感じられるので、樹木医による治療を受け、数本の支柱に支えられている。しかし、その姿は今も堂々としており、この清滝の地で栄華を誇った京極氏歴代の菩提を守り続けてきた古老のように威厳を保っている。春には参道の桜とともに観桜の客で賑わう。

（奥村）

満開の頃のシダレザクラ（97.4.13）

71

長岡神社のイチョウ……［イチョウ科］

所在地　坂田郡山東町長岡　**所有者**　長岡神社
樹高　31m　**幹周**　690cm　**樹齢**　推定800年
区分　指定木（県自然記念物、町文化財）、御神木、景観木

伊吹山を背景に天野川畔に佇むイチョウ(02.11.6)

　山東町にはJRの駅が近江長岡と柏原《かしわばら》の二つあり、「逆さ伊吹」で有名な三島池や中山道柏原宿を有している。近江長岡駅は伊吹山登山の玄関口として知られている。町の中心部にある長岡地区には、ゲンジボタルの生息地として有名な天野《あまの》川が流れている。そして、その川沿いに位置する長岡神社に、幹周六・九m、高さ三一mで樹齢八〇〇年のイチョウが川に面してそびえ立っており、県の自然記念物に指定されている。

　長岡神社は七六二年（天平宝字六）の創祀と伝えられる古社で、平安時代に現在地に遷座し、岡神社と称していたが、一八七一年（明治四）、長岡神社と改称した。湖北地方特有の「オコナイ」神事が古式ゆかしく行なわれる。

　神社境内は全般に清掃もなされ、イチョウの木の管理も行き届いており、地域住民に親しまれているとのことであるが、同じ境内には幹周が六・四mある御神木・ケヤキが何ともいえな

い風格を備えており、イチョウとのペアで崇められている。

春には清滝《きよたき》寺（徳《とく》源《げん》院）の道誉《どうよ》桜、初夏には天野川のホタル、夏には伊吹山のお花畑、冬には三島池の水鳥など、四季を味わうには事欠かない山東町なので、その折々の休憩がてら、この神社で道草する価値は十分にある。（木村）

大枝が伐られ変形した樹形のイチョウ（00.11.26）

72 八幡神社のスギ並木（豊公薩摩大杉）……【スギ科】

所在地　坂田郡山東町西山　所有者　八幡神社
樹高　38m（最大）　幹周　574cm（最大）
樹齢　推定300年以上（最大）
区分　指定木（県自然記念物、町天然記念物）、歴史木、御神木

西山集落の鎮守・八幡神社は集落西側の丘陵地（源氏山）中腹にある。社殿までは急な石段が続いているが、その両側に県自然記念物に指定された一七本（北側七本、南側一〇本）の杉並木がそびえ立っている。

この杉並木には、豊臣秀吉にまつわる次のような言い伝えが残されている。秀吉は長浜城主であった頃から、武神であったこの神社を崇敬していたが、その後、大坂に城を構えてから安産の祈願をしたところ無事に秀頼が生まれたので、そのお礼として薩摩国（鹿児島県）から杉の苗木を取り寄せて植えたのが、現在の杉並木になったというもので、「豊公薩摩大杉」と呼ばれている。また、地名から「西山源氏山八幡杉並木」とも称されている。

樹齢は三〇〇年以上と推定されているが、一七本の中には幹周が二mに満たないスギもあ

石段下からみたスギ並木（03.5.17）

石段上からみたスギ並木（03.5.17）

り、補植が繰り返されたのだろう。また、幹周が大きい木（No.14の五七四cm、No.1の四六〇cmなど）の中には地上二～三m付近で幹が二又に分岐しているものがあり、二本の合体木とも思われる。樹木の健全度は一部で胴枯れや頭頂部幹折れ・枯損等がみられ、やや不良のものもあるが、全体としてはほぼ良好である。樹高は幹折れしたものは一八m（No.3）や二五m（No.9）であるが、全体的には三〇～三八mとよく成長している。幹周にはばらつきがあり、一七本の幹周の度数分布を表で示す。

（大谷）

幹周（cm）	本数	指定対象木17本の幹周（cm）（No.1～7は北側の上～下の順、No.8～17は南側の上～下の順）
500～	1	574（No.14）
400～	5	460（No.1）459（No.16）453（No.7）408（No.17）400（No.15）
300～	5	375（No.6）337（No.8）323（No.10）317（No.2）307（No.13）
200～	4	280（No.11）277（No.5）225（No.12）217（No.3）
100～	2	168（No.4）154（No.9）

（2003年5月17日）

73 了徳寺のオハツキイチョウ……【イチョウ科】

所在地 坂田郡米原町醒井　**所有者** 了徳寺
樹高 20m　**幹周** 463cm　**樹齢** 推定150年
区分 指定木（国天然記念物）、景観木、奇木

醒井《さめがい》は清水と街道の村として『太平記』や『更級《さらしな》日記』『十六夜《いざよい》日記』などの古典にも登場する。また、江戸期の『近江名所図会』には「日本武尊《やまとたけるのみこと》の腰掛け石」が描かれ、「三水四石の名跡あり」と記されている。清流はいにしえより、行き交う人々の疲れや病を癒《いや》してきた。

清流に育つバイカモの花を愛で、涼を求める人たちで今も賑わいを見せる地蔵川沿いに、天然記念物「御葉付銀杏《いちょう》」の碑が立つ。石龍山了徳《りょうとく》寺の山門をくぐると左手に大きなイチョウの木がある。

イチョウは雌花に相当する器官の先に二つの胚珠をもっているが、そのうち片方だけが成熟して種子（銀杏《ぎんなん》）になる。ところが、オハツキイチョウは葉の縁に複数の胚珠が生じるために、葉に種子が付いたような姿になる。これは二億年以上も生きてきた原始的な植物であるがゆえの不思議な現象だろうか。

イチョウは、恐竜が生きていた時代（中生代）には多くの種類があったが、現在は遺存種が一種類しかなく「生きた化石」とも呼ばれる。県内ではおよそ二三〇万年前の古琵琶湖層から、葉痕《ようこん》化石として稀に出土する。盛夏、樹齢一五〇年とは思えない元気な巨木は奇妙な形の種子をたわわに付ける。この一粒を手にする時、わが好奇心は太古の植物進化の世界へといざなわれる。

（森）

「銀杏」がたわわに実って枝垂れたイチョウ（03.8.2）

「お葉付き」の銀杏

74 蓮華寺のスギ（一向杉）……［スギ科］

所在地　坂田郡米原町番場　　所有者　蓮華寺
樹高　31m　幹周　560cm　樹齢　推定700年
区分　指定木（県自然記念物）、墓標木

中山道番場《ばんば》宿にある蓮華《れんげ》寺は、その昔、聖徳太子が創建し法隆寺と称したが落雷により焼失した。その後、鎌刃《かまは》城主土肥元頼の帰依により、鎌倉時代に一向上人が再興し、蓮花寺に改称したと「寺縁起」に記されている。

境内には南北朝時代に後醍醐天皇方に敗れて退散中に帰路を絶たれ、番場付近で悲惨な最期を遂げた北条仲時一行の墓があり、四百名余りの過去帳（重要文化財）が現存する。また、長谷川伸の小説『瞼《まぶた》の母』の主人公・番場の忠太郎ゆかりの寺としても名高い。

幾多の歴史を秘めた境内に、一向上人を荼毘《だび》に伏した跡と伝わるこんもりした塚と、その墓標木である「一向杉」がそそり立つ。スギは高く真っ直ぐに伸びる美しい姿から、古来より神聖な木とされてきた。樹形は通常円錐形になるが、七〇〇年の風雪に耐えてきた老杉は丸みを帯び、太い枝は天を支えているかのようで、その蒼々とした樹勢は蓮華寺のさらなる歴史を刻もうとしている。

一方、庭園裏山の斜面には弘法大師お手植えと伝わるコウヤマキがあるほか、本堂前には江戸時代の『近江名所図会』にも描かれている聖徳太子ゆかりの「叡願の紅梅」が今もなお早春を彩る。四月中旬、多くの故事・名木を有する蓮華寺は、全山ピンク色のコバノミツバツツジにおおわれ、華やかな季節を迎える。（森）

一向上人ゆかりのスギ（03.11.23）

75 さざなみ街道のクスノキ・トウカエデ並木……【クスノキ科、カエデ科】

所在地　長浜市平方町～公園町
路線名　主要地方道2号（大津能登川長浜線）、県道331号（湖北長浜線）
形　式　両側一列、植樹帯・植樹桝
樹　種　クスノキ（181本）、トウカエデ（175本）、ヒラドツツジ、サツキ、ヒイラギナンテンなど
区　分　市街並木、地方並木

湖岸道路（さざなみ街道）は豊公園のあたりで大きくS字に屈曲しているが、それ以外は直線かゆるいカーブの道路で、竹《ちく》生《ぶ》島をまじかに見ながら湖風を受けてのドライブはとても気持ちがよい。豊《ほう》公園や長浜の湖岸道路から見る夕陽は「日本の夕陽百選」に選ばれている。

さざなみ街道の長浜新川の北（びわこ大仏付近）から港町交差点にかけて約九〇〇mの区間にはクスノキが植えられ、矯正型の自然樹形でよく繁茂している。また、港町交差点以北の約八五〇mの区間にはトウカエデが左右ほぼ同数植えられている。このあたりは豊公園に沿っているので公園樹との調和を保っているが、住宅側の一部で強剪定《せんてい》によって樹形が乱れているところがあるのが惜しい。

豊公園は長浜城跡に造られた湖畔の公園で、一九八三年（昭和五八）に復元された長浜城天守閣（歴史博物館）を中心にウメやサクラ（ソメイヨシノ）などが植えられている花の名所で、「日本の桜名所百選」にも選ばれている。

なお、長浜新川左岸道路（夕映えさいかち通り）には街路樹としては珍しいヒトツバタゴ（八三本）をふくむ並木があり、五月の開花期には白い花をつける。

（小山）

さざなみ街道のクスノキ並木（01.5.20）

豊公園沿いのトウカエデ並木（01.5.20）

76

下坂浜のサイカチ ……【マメ科】

所在地　長浜市下坂浜町
樹高　6m
樹齢　推定400年
所有者　下坂浜区
幹周　244cm（右127、左150cm）
区分　指定木（市保存木）、歴史木

一五七一年（元亀二）、織田信長と浅井長政が「さいかち浜」で一戦を交えたが、その当時を知る歴史の証人として、このサイカチの木は長年地域の人たちから大切にされてきた。

古木のため樹勢が衰えた頃もあったが、「役所に頼んだら元気になった。」とうれしそうに話すおばあちゃん。幹の空洞部分には治療の跡がうかがえた。

一方、畑仕事の年配の女性は、「子どもの頃、お母さんがこの実を石けん代わりに使っていて見慣れた木やった。」と語ってくれた。お生まれをたずねると東北地方とのこと。書物には「サポニンを含む実は石けんの代用になる」と記すが、使った人に出会ったのは初めてである。琵琶湖にやさしい石けんに出会った思いがした。

歴史木とはいえ、時代の流れには勝てず、電線や通行の妨げになる部分は剪定《せんてい》を余儀なくされているが、地域の会館の名称をはじめサイカチへの思いは至る所に感じられた。（森）

歴史の生き証人・サイカチ（03.6.20）

第3章　湖東・東近江エリア

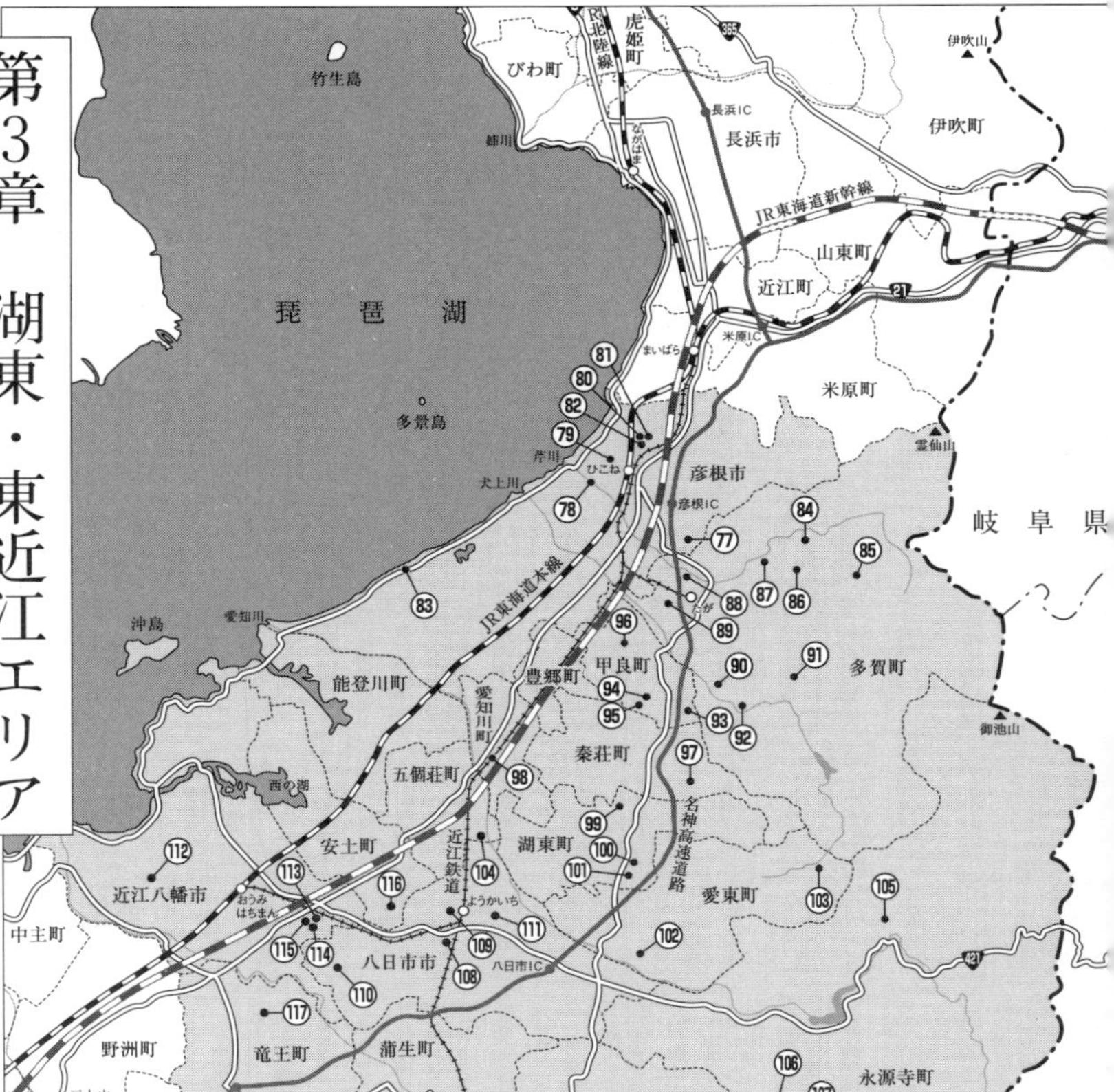

77

慈眼寺のスギ（金毘羅さんの三本杉）……………【スギ科】

所在地　彦根市野田山町　所有者　金毘羅宮慈眼寺
樹高　（A）38m（B）40m（C）24m
幹周　（A）523cm（B）523cm（C）412cm
樹齢　伝承1260年
区分　指定木（県自然記念物）、お手植木、御神木、防災木

慈眼寺《じがん》のスギは、彦根市郊外に所在する金毘羅宮《こんぴらぐう》慈眼寺境内の観音堂の正面に位置し、三本のスギの巨木が隣接してそびえる姿は壮観であり、「金毘羅さんの三本杉」として住民に親しまれている。

観音堂に安置されている十一面観音菩薩像を彫り終えた奈良時代の僧・行基が記念に植えたと伝えられ、推定樹齢一二六〇年となる老木でもある。その昔、十一面観音菩薩が大暴れした雷を封じ込めたとの伝説から、「雷除けの杉」とも呼ばれている。

三本の中で一番小さなスギは、第二室戸台風の際に先端の枝が折られ、樹皮が縦に長く剥《は》がれて衰弱している。他の二本も枯れ枝や下向きの枝が多くあり、全体的に樹勢は衰えているが、千年を越す老木として貫禄があり、見る者を圧倒させる力強さを感じさせる。

スギは一九八八年（昭和六三）に環境庁（当時）が実施した「巨樹・巨木調査」での調査数や国指定天然記念物の指定数が最も多い樹種であり、「杉の大杉」（高知県）や「翁《おきな》杉・嫗《おうな》杉」（福島県）のように巨木が二本並んで立っているものや、「日光杉並木」（栃木県）や「羽黒山の杉並木」（山形県）のように並木として著名なものは全国にも多くあるが、慈眼寺のスギのように巨木が三本隣接しているのは全国的にも非常に珍しいと考えられる。

（鹿田）

金毘羅さんの三本杉（02.12.15）

78

芹川堤防のケヤキなどの並木……【ニレ科】ほか

所在地　彦根市芹橋～下芹橋
路線名　（右岸）市道芹川堤防線（左岸）市道芹川堤防南線
形式　両側一列、路肩
樹種　サクラ類（２９５本）、エノキ（１５６本）、ケヤキ（１１５本）、アキニレ（36本）、ムクノキ（19本）サイカチ（17本）など
区分　堤防並木（歴史木、景観木）

一六二二年（元和八）から約二〇年がかりで彦根城が築城された際、城下町をつくるため芹川の付け替えが行なわれ、護岸のために土手にケヤキなどの樹木が植えられた。ＪＲ琵琶湖線付近から湖岸にかけての芹川堤防は「けやき並木」として長年親しまれ、特に左岸は一九八七～八八年（昭和六二～六三）に遊歩道（けやきみち）として整備され、市民の憩いの場となっている。

近年衰弱が目立ち、市は保全事業として樹木台帳を作り、古木の治療や環境整備を進めている。特に車道として利用されている右岸は、人間の都合で無理な伐採や舗装、樹形の変形などで重症な上に、ヤドリギの寄生や天狗《てんぐ》巣《す》病の発生が拍車をかけている。

芹川の堤防並木（けやき道）（93.11）［久川邦代氏撮影］

「けやき並木」といわれているが、総数七〇〇本を越える並木を樹種別にみれば、一位はサ

クラ類、二位はエノキで、ケヤキは三位である。もっとも、推定樹齢三〇〇年以上の古木となると、四七本のうちケヤキが三八本を数える。最大のケヤキは樹高一四m、幹周四二〇cmである。このケヤキは、右岸にあって根元をコンクリートで固められながらも健全な状態で堂々としてはいるが、道路側の途中の枝は切られ、上の方で枝を広げているという不自然な姿になって人間の営みを見続けている。

芹川堤防のサイカチ（02.12.15）

自動車が通りやすいようにと伐採されることになりかけた並木の木々が市民の反対で生き残り、春には桜花と新緑、秋には紅葉、冬には裸木と雪景色等々、川の流れと相俟《あいま》って四季折々見飽きぬ風景を醸し出している。

（伊藤）

79

彦根城のマツ並木（いろは松）…【マツ科】

所在地　彦根市尾末町　　路線名　県道518号（彦根城線）
形式　片側一列、路肩
樹種　クロマツ（28本）、アカマツ（4本）、アイグロマツ（1本）
樹齢　300年（14本）、200年（5本）、100年（2本）、残り12本は15～40年
区分　水辺並木（歴史木、景観木）

旧中濠のマツ並木（いろは松）（03.11.23）

彦根城佐和口前の濠《ほり》端にあるマツ並木は、二代藩主・井伊直孝が元和年間（一六一五～二四）に、根が地上に張り出さないため、人馬の往来を妨げない土佐（高知県）の松をわざわざ取り寄せて植えたことに始まる。

数にちなんで「いろは松」と呼ばれ、素晴らしい景観を伝えている。

一般に、濠端には木を植えないのが常識で、彦根城の古い写真でも、他の濠端には木が写っていない。では、何故ここだけ植えたのか、その理由は伝わっていないが、彦根城よりも遅い一六二三年（元和九）築城の淀城には、洪水のとき道と濠との境目を分かりやすくするためという史料が残されている。おそらく彦根城でも、江戸や京の都へ出立する重要な道ゆえに、同じ目的で泥水で道が見えなくともつまずかない土佐の松を植え

たと考えられるそうである。

現在、松は三三本あるが、彦根市の樹勢調査によれば、樹齢二〇〇年以上のものが一九本あり、「全体として大変重症であり、健全な生育のためには適当な手当てが必要である」旨、診断されたとのことである。

毎年、病虫害防除のために「こも巻き」と新酒の搾《しぼ》り汁による施肥が行なわれ、季節の風物詩にもなっている。

彦根城の並木としては、他に内濠や中濠（現・外濠）に桜並木がある。これは一九三四年（昭和九）、「お城を桜の名所にしよう」と当時の町会議員・吉田繁次郎氏の呼びかけにより、町民の協力で一本一本植えられたものである。現在では、その後植えられたものも含めて四〇六本の桜並木となり、城内の桜と合わせて花の名所となっている。

（伊藤）

病虫害防除のための「こも巻き」（03.11.23）

80

龍潭寺のツガ……【マツ科】

所在地　彦根市古沢町　所有者　龍潭寺
樹　高　19m　幹　周　440cm
樹　齢　推定400年　区　分　歴史木、巨木

龍潭《りょうたん》寺はJR彦根駅から北へ約一・五km、佐和《さわ》山の北西麓にある。関ケ原合戦の武功により、井伊直政が佐和山城主となり、龍潭寺も井伊氏発祥の地である遠州・井伊谷《いいのや》から現在地に移された。以後、歴代藩主の保護のもとで臨済宗の学問寺院として栄えた。

また、衆寮が開設され、とくに園頭科はわが国初の造園学のアカデミーとして多数の造園学僧を輩出し、各地の禅寺庭園の施工にあたった。

樹齢約四〇〇年のツガは本堂前にあり、寺の開山に際して井伊谷から幼木を移したと伝えられている。樹勢もよく、地上約二mで二又に分かれているが、大きく張った枝は本堂隣の方丈南庭まで広がり、歴史の重みをしのばせる風格と貫禄を備えた巨木である。なお、お寺ではトガと呼ばれ、「龍潭寺八名木」の一つとされている。

（出雲）

龍潭寺八名木・ツガ（02.12.15）

81

龍潭寺のヤマモモ ………【ヤマモモ科】

所在地　彦根市古沢町
樹　高　15ｍ
樹　齢　推定４００年
所有者　龍潭寺
幹　周　２２０、１８５、90㎝（三叉）
区　分　奇木

龍潭寺八名木・ヤマモモ（02.12.15）

龍潭《りょうたん》寺の書院東庭（彦根市指定名勝）は開山昊天《こうてん》禅師の作庭とされ、池泉廻遊式の庭園で、樹木におおわれた山を借景に大きな池が静かな水面をたたえている。ヤマモモ（雌株）はその池の近くに植えられており、樹齢四〇〇年とされ、「龍潭寺八名木」の一つに数えられている。

株立ちは三本になっていて、樹冠はまるく茂っている。主幹の下部には空洞も見え、歴史を感じさせる堂々とした姿で樹勢もたいへんよい。七月上旬に淡紅紫色の実をたわわにつける。

相棒の雄株は約一・五㎞離れた玄宮《げんきゅう》園にあり、大量の花粉が風に乗って飛散し、この寺の雌花に達して実を結ぶという。玄宮園造営と同じ頃に植えられたと思われ、樹齢は推定三〇〇年、幹周一四〇㎝で、龍潭寺のヤマモモよりやや小振りである。暖地を好む常緑の木が、冬には雪が多い彦根でよくぞ生育したものである。（出雲）

82

清凉寺のタブノキ ……【クスノキ科】

所在地　彦根市古沢町　　所有者　清凉寺
樹　高　9m　　幹　周　610cm
樹　齢　推定500年　　区　分　歴史木、奇木

清凉《せいりょう》寺は佐和《さわ》山の北西麓、龍《りょう》潭《たん》寺の南隣にある。寛永年間（一六二四〜四三）、井伊直政の墓所として創建されて以来、井伊家歴代の菩提寺となり、裏山の高台に旧藩主六基の宝篋《ほうきょう》印塔が現存している。寺地は関ケ原の合戦で敗れた石田三成の重臣・島左近の屋敷跡で、創建当時すでに生育していたと伝えられるタブノキの老木が本堂前に残っている。寺にまつわる七不思議の伝承の一つ「木娘」はこのタブノキが娘に化けるという。樹齢五〇〇年余、幹周六一〇cmの老木で、空洞や異常なコブが目立ち、着生木の根が絡み合う老巨幹を見ていると、何となく化けそうな気がしないでもない。

木にはノキシノブのほかカナメモチ、タカノツメ、ナンテンなどが着生しており、着生木の樹勢が旺盛である。株の三分の二は腐朽しているが、地上二・五mのところに次の木が育っており、まさに二代目のタブノキである。

（出雲）

「木娘伝説」のあるタブノキ（02.12.15）

83

浜街道（さざなみ街道）のマツ並木

【マツ科】

所在地　彦根市薩摩町～石寺町
路線名　主要地方道25号（彦根近江八幡線）、市道
形　式　片側一列程度、路肩
樹　種　マツ類［クロマツなど］（189本＋補植156本）
区　分　地方並木

浜街道のマツ並木（00.10.12）

新海《しんがい》浜水泳場を北上して柳川《やながわ》町を過ぎ、薩摩《さつま》～石寺《いしでら》町にかけての湖岸道路（さざなみ街道）にはマツ並木が続いている。東に荒神《こうじん》山をのぞみ、周辺には田畑が広がっている。並木の間からは湖上に浮かんでいる多景《たけ》島が見え、沈む夕日が湖面に映えて美しい絶好の景観である。また、このあたりの浜辺はハマヒルガオなど海浜植物が生育している貴重な場所でもある。

このマツ並木は明治後期に防風林として地元住民が植栽したとされ、数kmにわたって補植もふくめて三〇〇本以上のクロマツが植えられている。マツに混じってセンダンやエノキなども大きく育っている。鳥によってどこからか種子が運ばれてきたのだろう。

この立派に育ったマツ並木の景観には、自動車の乗り入れや水上バイクなどの轟音《ごうおん》は不向きであろう。（小山）

84

井戸神社のカツラ

……………【カツラ科】

所在地　犬上郡多賀町向之倉
所有者　井戸神社（多賀大社末社）
樹　高　39ｍ
幹　周　１２１０㎝（株立ち）
樹　齢　推定４００年
区　分　指定木（県自然記念物）、守護木

新緑の頃のカツラの大株（94.4.27）

カツラは日本を代表する落葉樹の一つで、学名にも*japonicum*の文字が入る。その萌芽は赤っぽく、葉が展開すると緑が青々としてどちらも美しい。また、秋になるとその紅葉は黄色のステンドグラスのように透けて見えて美しい。

県内にカツラの木は少なくないが、井戸《いど》神社のカツラはその中で最大の巨木である。主幹から大小一二本の枝に分かれ、株立ちしている。

このカツラを見るためには、芹川をさかのぼって、向之倉《むかいのくら》に行かなければならない。今は廃村となっているこの集落への道は、廃村になってから舗装されたと聞く。何のための道路なのだろうか!?

井戸神社のカツラは、向之倉の守り神である。カツラは沢筋にあることが多いが、このカツラも以前、集落の水源となっていた池のそばにある。この池は年に一度、井戸さらいをされるようであるが、池のそばにすむという「お蛇さま」は、井戸さらいの時には、カツラの木の中に入り込むと言い伝えられている。

冬の間は積雪のため、カツラの木まで近づくのは難しいが、その他の季節ならいつの時期でも見ごろといえる。駐車場からカツラまでの小道は、ちょっと薄暗くて湿気に富んでいる。そのためか、ユキノシタ、ミヤマカタバミ、ネコノメソウ、マムシグサ、エンレイソウなどがよく生える。ただし、五月も半ばをすぎるとヤマビルに注意しなければいけない。

（藤関）

斜面からみた冬の装いのカツラ（02.12.15）［河村則英氏撮影］

85

地蔵堂のスギ（保月の地蔵杉）

……………【スギ科】

所在地　犬上郡多賀町保月　　所有者　保月区
樹　高　Ⓐ37m　Ⓑ36m　Ⓒ35m
幹　周　Ⓐ737cm　Ⓑ439cm　Ⓒ361cm
樹　齢　推定350～450年　区　分　景観木

今では花粉症の原因として嫌がられることが多いスギであるが、材がよく、生育もはやいため、滋賀県でも植林されているところは多い。植林される以前には、大きな杉の木は信仰の対象になっていたようで、多賀町にもお地蔵様の周りにスギを植えて、お供え物をしているところがいくつかある。地蔵堂のスギもその一つである。

栗栖《くるす》から東に数キロ、杉坂峠の御神木のスギから約四・五km、保月《ほうづき》の集落手前一kmほどの峠にこの地蔵堂のスギがある。三本の大きなスギに囲まれて、小さな祠《ほこら》がある。乳地蔵とも呼ばれる地蔵尊をお祀《まつ》りしている。祠の後ろのスギ（最大木）は主幹が二つあるが、二本のスギが合体したものと思われる。この地蔵堂は一九八六年（昭和六一）に修復されたとある。いわれについてはよくわからないが、杉を信仰のシンボルとしていたものと思われる。保月に入る峠に、砦《とりで》のように立っている。

保月も含め、旧脇ケ畑《わきがはた》村は近江と美濃、伊勢との交通の要所であった。五僧《ごそう》越えで、時山《ときやま》（岐阜県上石津町）に今でも行くことができるが、登山者に限られている。かつては今よりもずっと物資や人々の行き来があり、人口も多かったようである。この地蔵堂もその頃に、子どもたちの成長を祈願して立てられたものかもしれない。

すぐ近くには、初夏ともなる

地蔵堂周囲にそびえるスギ
(02.12.15)

とヤブデマリの白い花が咲き、テンニンソウがはえる。また、秋になるとツリフネソウやサラシナショウマの花が迎えてくれる。

（藤関）

86 杉坂峠のスギ（楊枝杉）……【スギ科】

所在地　犬上郡多賀町栗栖　所有者　多賀大社
樹　高　40m（最大）　幹　周　906cm（最大）
樹　齢　推定400年　区　分　指定木（県自然記念物）、御神木

杉坂峠の山中にそびえる御神木のスギ（02.12.15）

　このスギは多賀大社からずいぶん離れた山中にある。しかし、多賀大社の由来にかかわるスギである。栗栖《くるす》から保月《ほうづき》に向かう山道に入って二km弱、杉の集落の手前に杉坂峠がある。この峠に到着して南西側を見ると少し谷を降りたところに、大きなスギが四本生えている。

　杉坂峠は、多賀大社の発祥の地ともいえる。すなわち、伊邪《いざ》那岐《なぎ》の尊（多賀大社の大神）が天から降り立ったところがここ、杉坂峠といわれている。そして、伊邪那岐の尊が翁《おきな》に姿を変えて、この地から下って、栗栖の里に向かわれた。その折、

村人が柏《かしわ》の葉にくるんだ粟飯《あわ》を捧げたが、それを食べるときに使った杉の箸《はし》を地面に突き刺したところ、現在のような巨木に成長したと伝えられ、そのため「楊枝杉《ようじ》」とも呼ばれ、多賀大社の御神木とされている。

　このいわれからすると樹齢は一〇〇〇年以上のはずだが、滋賀県の立てた看板には、推定四〇〇年とある。かつては一三本あったといわれるが、今は幹周三m以上の太いスギは四本のみである。一番大きなスギは県下最大級のスギである。ただ、一部に数個、巣穴があいている。巣穴の大きさからするとアオゲラだろうか？　この近くでヤマドリを見ることも多い。周囲はスギの林ながら、まさに生物の多様性にあふれる場所である。また、この大杉の根元にむろができているのは、長い杉の歴史を物語る。毎年、多賀大社の万燈祭の元火はこの地で拝受され、神社に運ばれるという。

（藤関）

一番奥にある最大のスギ（02.12.15）

87

栗栖のウメ（時習館の白梅）

【バラ科】

所在地　犬上郡多賀町栗栖
所有者　西村恭一氏
樹　高　6・5ｍ
幹　周　185、135、124cm（三分枝）285cm（根周り）
樹　齢　推定400年
区　分　歴史木

多賀町一円《いちえん》の「野鳥の森」駐車場前から集落を越え、芹川沿いを東に進むとやがて右手に調《との》宮《みや》神社の森が見えてくる。その少し手前、左手の栗栖《くるす》集落内の民家に一本の大きなウメの木がある。

幹は三本に分かれ、大きな空洞があるが、樹木医の指導もあって世話が行き届き樹勢もよい。早春には白い花をつけ、遠くからでもよく目につく。

庶民教育に対する関心が高まった江戸時代の中頃、各地に寺子屋が開かれた。多賀に七校、栗栖もその一つで、西村儀平という庄屋が「時習館《じしゅうかん》」と呼ばれる寺子屋を開き、近隣の村々の子どもたちに読み書き算盤《そろばん》や道徳を教えていた。

明治になって西村家が衰退したことから時習館は閉鎖され、建物もなくなり、当時植えられていたウメの木だけが残っている。この実でつくった梅干しを食べると頭がよくなるという言い伝えが残っており、何とも微笑ましい。樹齢は四〇〇年と推定され、県下最大のウメといわれている。（出雲）

県下最大のウメの古木（02.12.15）

88

西音寺のヤツブサウメ（八房梅）……【バラ科】

所在地　犬上郡多賀町中川原
樹　高　2・5m
樹　齢　推定200年
所有者　西音寺
幹　周　59cm
区　分　歴史木、後継木、奇木

　近江鉄道の多賀駅から北東に約七〇〇m、一五分くらい歩き、月ノ木の集落を越えて、中川原《なかがわら》に入るとすぐに西音《さいおん》寺につく。境内のひときわ大きなケヤキの下にヤツブサウメ（八房梅）と呼ばれるウメの変種がある。このウメは毎年早春に八重の白い花を咲かせ、五月になるとその名のように一つの花に多くの実をつける。

複数の花柱をもつ雌しべ
（03.3.20）

　これが「親鸞の奇跡」と呼ばれる所以である。親鸞聖人が東国で布教を終えて京都に帰る途次、この寺の前身の境内の捨石に腰をかけ、お弁当を食べられた。その跡にこの珍しいウメが生えてきたとされている。この木のそばには、そのときの御腰懸石もある。

　現在の木はもとの木のひこ生えの枝が成長したもので、住職の大清水彰さんによると樹齢は多分二〇〇年くらいだという。残念なことに、今は樹勢がなく、枝の張りも悪くなっている。幸い、七〜八年前に接ぎ木をした若木二本を近くに植えてあり、こちらはすくすくと育っている。そのうち一本は、新潟県の梅護寺の赤い八房梅の接ぎ木をしたとのこと。住職にお話を聞いているときに、キジが現れて、盛んに鳴きはじめた。ここは芹川の近くで、まだ里山の雰囲気が残るよい場所でもある。

（藤関）

1つの花に複数の実がつく（95.5.13）

89

多賀大社のケヤキ（飯盛木）

【ニレ科】

所在地　犬上郡多賀町多賀　所有者　多賀大社
樹高　16m（女飯盛木）、14m（男飯盛木）
幹周　975cm（女飯盛木）、630cm（男飯盛木）
樹齢　推定300年以上
区分　指定木（県自然記念物）、歴史木、御神木

中山道高宮《たかみや》宿にある多賀大社の鳥居を南東に進むこと約一km、高宮の町並みを抜け、田口地区を抜けてキリンビールの工場を右に見て進むと、多賀町多賀宇尼子《あまご》の集落に到着する。その手前、「飯盛木《いもろぎ》」と呼ばれるケヤキの巨木は、多賀大社への参道よりやや南に外れたところにある。高宮側からは、まず「女飯盛木」、少し離れた田んぼの中にちょっと小振りな「男飯盛木」がある。この二本のケヤキには、次のような由来が伝わっている。

奈良時代の養老年間（七一七～二四）、元正天皇が病気で食欲がなかったので、多賀大社にご祈願があった。その時、強飯《こわめし》を炊き、神域の木を以て杓子《しゃくし》を作り、この杓子で飯を盛って献上したところたちどころに食欲が増して、病気が治ったという。そして、杓子を作った木の残り枝を挿し木したところ、発根してケヤキの巨木（飯盛木）になったと伝えられている。今でもお多賀さんの杓子は延命長寿のお守りとして名物になっている。また、この杓子は「お多賀杓子」と呼ばれ、「おたまじゃくし」の語源だともいう。以前は何本も飯盛木があったというが、今はこの二本が残るのみである。

ケヤキは自然な樹形がほんとうに美しい。まさにホウキを逆さにしたような形が多い。しかし、この飯盛木は落雷のせいか

剪定《せんてい》のせいか、横に倒れ変形してしまっている。台風によって折れてしまったのかもしれない。本来の樹形とは異なっており、若々しいエネルギーあふれるケヤキのようではない。

しかし、春の芽吹きのころには、薄黄色から黄金色、薄緑色から緑色へと日ごとにその樹色が変わるほどで、非常に美しい。（藤関）

女飯盛木（ケヤキ）（03.1.11）

男飯盛木（ケヤキ）（03.1.11）

90

滝の宮のシダレザクラ……【バラ科】

所在地　犬上郡多賀町富之尾
樹　高　15m
樹　齢　推定100年以上
所有者　藤川美代子氏
幹　周　240cm
区　分　景観木

シダレザクラはエドヒガンの変種であるが、ともにソメイヨシノなどに比べて長寿である。また、大木になっても見事に花を咲かせ、風格が出てくる。多賀町にはシダレザクラがところどころにあるが、この滝の宮のシダレザクラはいちばん目立つ。

彦根から犬上ダムに向かう県道二二六号で富之尾《とみのお》の集落を越えてしばらくすると大滝神社がある。その向かいには名犬「小石丸」の寓話《ぐうわ》で有名な犬洞松があるが、この松の下流側にシダレザクラがある。県道から見ると高台にあり、枝垂れ枝も目立つため、すぐに見つけることができる。大滝神社の奥には景勝「大蛇が淵」があり、犬上ダムができた今でもある程度の激流を見ることができる。「滝の宮」とはこの大滝神社に由来する地名である。

このサクラの樹齢については持ち主の藤川美代子さんもわからないとのことであるが、藤川さんが小さいときからこの木はあったというから、一〇〇年以上と思われる。以前は、今よりも花の数が多く、遠くからでもよく見えたが、最近はだいぶ少なくなってきたとのことである。特に、横に張る枝からの花数が少なくなってきたのは残念と話された。

（藤関）

滝の宮の見事なシダレザクラ（03.4.3）

91

桜峠のシロバナヤマフジ……【マメ科】

所在地　犬上郡多賀町霜ケ原　　所有者　沢田藤松氏（管理者　参道会）
樹高　2m（棚仕立て）　　幹周　70cm
樹齢　推定150年　　区分　象徴木、奇木

国道三〇六号は古来、「お多賀さん」と「お伊勢さん」を結ぶ重要な街道であった。国道の桜峠の傍らにある使われなくなった旧道とお地蔵さんが、徒歩で往来した時代を偲ばせる。

短い花房と大きな花（03.5.8）

このお地蔵さんの前にある藤は、昔から白い花をつけることで知られていたが、一九九二年（平成四）に巻き付いていたアカマツの倒木により、樹勢が急激に衰えてしまった。そこで、このめずらしい白花の藤を守ろうと、地元の有志が「参道会」を結成して、除草作業や樹木医による治療が施された。その甲斐あって、今では用意された藤棚（長さ九m）で再び純白の花を咲かせ、行き交う人々の心を和ませている。

普通に目にする紫色のフジ（別名ノダフジ）は蔓《つる》が右巻きで花房が長いが、ヤマフジ（別名ノフジ）は蔓が左巻きで、花はやや大きいが花房が短く、フジよりも開花が早い。紫花のほかに白花の品種があり、この藤はシロバナヤマフジである。

（森）

地蔵堂の参道に伸びるシロバナヤマフジ（03.5.8）

92

藤地蔵尊のフジ……【マメ科】

所在地　犬上郡多賀町藤瀬　所有者　藤瀬区
樹高　8m　幹周　100cm
樹齢　推定150年以上　区分　霊木

スギに絡まって咲くフジの花（03.5.8）

かつて藤地蔵尊は県道（佐目《さめ》敏満寺《びんまんじ》線）から三mほど下にあり、小さな溜め池のそばで数本の杉木立に囲まれていた。古くから「杉の枝を折っても、藤の木にさわっても祟りがある」との言い伝えがあり、うっ蒼とした森は「怖いお地蔵さん」の雰囲気を醸し出していた。

しかし、花の咲く季節だけは徒歩や大八車の時代から今日まで変わることなく、道行く人の目を楽しませていた。

近年、県道の拡幅工事に伴い池は埋められたが、スギも古木のフジも切られることなく、整枝されて残された。霊木との言い伝えを守り、お祓《はら》いを受けての作業であったと聞く。明るくなった森は、また年ごとに緑に包み込まれ藤色に染まることだろう。これからも樹木に秘められた見えない力で、小さな森が育まれていくことを望みたい。（森）

フジの古木の太い蔓（03.3.10）

93 西明寺のフダンザクラ（不断桜）……【バラ科】

所在地　犬上郡甲良町池寺
樹高　5m
樹齢　推定250年
所有者　西明寺
幹周　125cm
区分　指定木（県天然記念物）

県天然記念物の「不断桜」（03.3.20）

国道三〇七号を走ると、「不断桜で有名な西明寺《さいみょう》」の看板が目につく。湖東三山《さんざん》の一つ西明寺には、見ておきたいと思われる名木がたくさんあるが、中でも有名なものが「不断桜」である。総門をくぐり、受付前を過ぎてすぐ左手にみられる老木がこの「不断桜」で、一〇月から五月にかけて花をつける。満開は一一月頃である。

この木はもともと名神高速道路のルート予定地にあったが、一九六〇年（昭和三五）に現在地に移植された。大きい枝が雪で折れたり枯れたりして樹勢の衰えが目立つようになり、樹木医による手当がなされている。また、根分けをして増やした若木が、老木のそばや本坊庭園などで花を咲かすようになった。

西明寺には「不断桜」のほかにもウメ（紅梅）、シキミ、ドウダンツツジ、カスミザクラ、ホンシャクナゲ、ノウゼンカズラ、サルスベリなど花の名木が多く、紅葉も美しい。（青山）

94

池寺のヒイラギ（野神さん）……【モクセイ科】

所在地　犬上郡甲良町池寺　　所有者　池寺区
樹高　7m　　幹周　237、215cm（二又）
樹齢　推定300年　　区分　豊饒木、ご利益木

池寺《いけでら》の集落のはずれ、水田の続く中に「野神塚の森」がある。冬でも青々と葉を茂らせているのがヒイラギで、根元には小さな社があり、野神さんが祀《まつ》られている。

節分の日、イワシといっしょに門口にヒイラギの小枝をさす習慣が各地に残っている。この時に用いるのは葉の縁に刺状の鋭い鋸歯《きょし》がある若木のヒイラギであるが、老木になるとこの鋸歯はみられなくなる。ちなみにヒイラギの名は、若木の葉に触れると「疼《ひひら》ぐ（ひりひり痛む）」ことに由来する。池寺のヒイラギの葉にはほとんど鋸歯はみられず、老木期に入っていることがわかる。

ところで、このヒイラギは昔から「歯痛の治る木」として知られており、葉を一枚口に含み、痛む歯でかみしめていると痛みが和らいでいくと伝えられている。

この野神塚にはヒイラギの古木のほかにも、さらに数本のヒイラギや樹高一〇m、幹周二八三cmのカゴノキなどが小さな森を作っており、「ヒイラギの森」とも呼ばれている（町役場前の案内板にも「ヒイラギの森」として案内されている）。

一一月頃に訪ねると常緑の森の中で、ヒイラギのわずかに芳香のある小さな白い花を観察することができる。

（青山）

こんもりと茂るヒイラギの森（03.1.11）

ヒイラギの小さな白い花（95.10.28）

95

若宮溜畔のスギ（池寺の大杉）

……………［スギ科］

所在地　犬上郡甲良町池寺　所有者　池寺区
樹　高　27m　幹　周　788cm
区　分　御神木、霊木

池寺《いけでら》は湖東三山《さんざん》のひとつ西明《さいみょう》寺を有する集落である。この西明寺の眼下、集落の南西に古くから農耕の水源として大切にされてきた若宮溜がある。溜め池の堰堤《えんてい》には途中から六本に枝分かれしたスギの巨木と少し小ぶりのスギがそびえているが、集落からも国道三〇七号からも少し離れており、人目に触れる機会は少ない。

ところが四月上旬、国道を走っていると車窓から華やかな光景が飛び込んでくる。吸い込まれるように脇道をサクラ並木へと向かっていくと、やがてサクラとは対照的に霊気さえ感じられる大スギに遭遇する。傍らには若宮大権現の祠《ほこら》が祀《まつ》られ、注連縄《しめ》が張られたスギは御神木として何百年も大切にされてきたようだ。触ると祟りがあるとの言い伝えから、切られることなく風雪に耐えてきた枝は地面を這う。

霊気を放つスギの巨木（99.4.3）

溜め池のそばには古墳もあり、古代から開かれた土地であるが、扇状地の上部に位置するため人々は水の確保に苦労してきた。近年、若宮溜には犬上川の水がパイプラインで配送され、人工的な貯水池に生まれ変わった。

しかし、今もなお九月二日の祭日には村神主が赴き、小さな祠に集落の安泰という大きな願いが託される。（森）

若宮溜畔にそびえるスギ（03.1.11）

96 在士（八幡神社）のフジ……【マメ科】

所在地　犬上郡甲良町在士　所有者　八幡神社
樹高　3m（棚仕立て）　幹周　70cmほか
区分　歴史木、景観木

甲良町在士《ざいし》は、江戸時代の初期、伊賀、伊勢三十二万石の藩主となり、その武名を天下に喧《けん》伝《でん》した藤堂高虎の出身地で、町役場の近くに高虎公園が整備され、騎馬像も建立されている。そこから一〇〇mほど西に八幡神社があり、境内の藤が五月中旬、満開となる。

応永年間（一三九四～一四二七）、はじめて藤堂姓を名乗った景盛が、石清水八幡宮を尊崇してこの地に分祠、鎮守として祀《まつ》った。ある日、同宮に参詣し、社前に咲き誇る紫色鮮やかな藤の枝を一本取って在士に帰り、鎮守の宮に祈って、藤堂家の武運長久を願い、「もし開かれるならばこの藤を繁茂させ給え」と自ら廟庭に挿し植えたところ、果たして繁殖蔓延し、根株は一尺（径約三〇cm）以上にな

藤堂家ゆかりのフジ（03.5）

藤棚の蔓のようす（03.5.10）

り、七抱えほどの高木にまといつき、無数の実を生じ、何百本かの樹を生じたと古い記録にある。現在は鳥居脇の棚仕立ての二株が残るのみとなり、本殿裏の古株は高虎公園に移植された。

毎年五月第二日曜日に「在士の花切り」と呼ばれる藤切祭りが行なわれ、切り取られた花は参拝者に配られる。この花を玄関に吊しておくと蛇除けになるといわれている。長いものは一房が一・五m以上に達するが、蕾《つぼみ》が花が房の中ほどまで開き、長く残る一番美しい時期（二〇〇三年は五月八日）、氏子が切り取り、神主がお祓《はら》いして桐の箱に納め、現在は東京在住の藤堂家へ贈られるという。

（出雲）

97 金剛輪寺のアカマツ（夫婦松）……【マツ科】

所在地 愛知郡秦荘町松尾寺　**所有者** 金剛輪寺
樹高 20m　**幹周** 175、160cm（二又）
樹齢 推定150～200年　**区分** 歴史木、景観木

金剛輪寺《こんごうりん》は秦荘町の東部、秦《はた》川《かわ》山（標高四六九m）の西腹にある天台宗のお寺で「湖東三山《さんざん》」の一つに数えられる名刹であり、一般には松尾《まつお》寺の呼び名で親しまれている。七九七年（天平九）、聖武天皇の勅願により行基の創建と伝えられ、平安初期の嘉祥年間（八四八～八五〇）、延暦寺の円仁が入山して天台宗の道場として中興した。本堂は国宝、二天門と三重塔は国の重要文化財に指定され、本尊は聖観世音菩薩である。境内は「血染めのもみじ」と称される紅葉の名所であるが、ホンシャクナゲ、サツキ、アジサイなど花の美しい寺としても広く知られている。

山門を入って少し進むと左側に本坊の明寿院がある。明寿院は江戸時代中期の創建といわれ、元は学頭であった。書院を囲み東、南、北に庭園（国の名勝）があり、心字池が庭園を結んでいる。安土桃山～江戸時代中期にかけての作庭とされ、豪華な石組みを使った枯れ滝やホンシャクナゲ、モミジなど多くの樹木とも調和のとれた見事な池泉回遊式庭園である。

江戸時代初期の作庭とされる東庭の山腹斜面には、「夫婦《めおと》松」と呼ばれるアカマツがある。幹は下部より二本に分かれてまっすぐに伸びている美しい樹形で、年一回植木屋さんが登ってはさみを入れている。言い伝えによると、本尊の観音様が仲の

良い夫婦の松になり「松の夫婦でさえ長い間仲良くしているのだから、人間も縁があって夫婦になった以上は末長く仲良く暮らしなさい」と説いているという。庭から見て右の大きい方が夫、左の小ぶりな方が妻ということになっている。二本の幹は樹皮が下部より縦方向に大きく裂け、枝の枯損もみられることから樹勢の衰えが心配である。

（菊井）

夫婦松と呼ばれるアカマツ（03.1.26）

98 宝満寺のウメ（親鸞聖人お手植紅梅）…【バラ科】

所在地　愛知郡愛知川町愛知川
樹高　5・5m
樹齢　推定140年
所有者　宝満寺
幹周　83cm、116cm（空洞部分含む）
区分　お手植木、後継木

旧中山道沿いの愛知川町商店街の中ほどに「親鸞聖人御旧跡」の碑があり、その参道先には真宗大谷派の宝満《ほうまん》寺がある。宝満寺は、もとは真言宗のお寺で豊《とよ》満《みつ》神社の別当寺として豊満寺と称したが、親鸞聖人が当寺の住職を弟子にし、真宗に改宗して寺名も宝満寺に改めたといわれている。

親鸞聖人が一二一二年（建暦二）に越後より赦免になり、京都への帰途、愛知川が氾濫して川が渡れなくなったので宝満寺に仮宿を持たれた。その時に親鸞聖人自らの手で庭に植えられたと伝えられているのが、古井戸のそばの紅梅の古木で、「親鸞聖人お手植えの紅梅」と呼ばれている。

『近江名木誌』（一九一三）には「数十年前老幹腐朽して新芽を生じ漸次成長したるもの即ち此の樹なりと云う」と記載され、新芽の樹齢を五〇年と記していることから、約九〇年後の現在の樹齢は一四〇年と推定される。

幹の内部は大きな空洞になっており、痛みも激しく樹皮にはコケや地衣類が多く着生しているが、毎年手入れをされているのできれいな花をつけ、多くの人がこの紅梅を見に訪れる。（菊井）

親鸞聖人ゆかりの紅梅（03.3.20）

99 小八木のムクノキ（山の神）

【ニレ科】

所在地　愛知郡湖東町小八木
樹高　18m
樹齢　伝承1500年以上
所有者　氏子総代
幹周　583cm
区分　御神木、豊饒木、ご利益木

昔、神社仏閣ができる以前には、大きな樹木や岩を神と崇めて信仰の中心にしたといわれる。山の神は山神社とも称し、ほとんどの山村で祀《まつ》られていたものであり、祭礼には木の股で男女の像に似た物を作り、「藁《わら》づと」や白酒とともに供物とする風習があったことが『近江愛智郡志』（一九二九）にも記されている。

おそらく村人たちは、このムクノキの巨木に自然界の聖なるものを感じ、そこに神を見て幸せを願い、子孫繁栄、五穀豊饒、家業繁昌を祈ったものと思われる。現在は、その木の形状から子宝の神として喧《けん》伝《でん》され、信仰を集めているようである。

「小八木《こやぎ》の山の神」として祀られている御神木・ムクノキは田園の中にこんもりと茂った一際大きな木で、まわりには保護柵が設置されている。しかし、木にはフジ、キヅタ、ノキシノブなどが多く着生しており、樹勢はやや弱ってきているように見受けられる。なお、ムクノキの実は黒く熟し、食べられる。

（渡部）

山の神の神木・ムクノキ（02.12.28）

100

北花沢のハナノキ

……【カエデ科】

所在地　愛知郡湖東町北花沢　所有者　北花沢区
樹高　(A)8m[指定木](B)12m (C)8m(D)5m(E)4m
幹周　(A)273cm[指定木](B)285cm(C)90cm(D)63cm(E)33cm
樹齢　推定350年以上
区分　指定木（国天然記念物）、お手植木、景観木、象徴木

国の天然記念物に指定されたハナノキの古木（02.11.30）

　ハナノキは長野、岐阜、愛知県の山間湿地のみに自生するカエデ科の落葉高木であり、滋賀県の平地に生存がみられることが珍しいことから、国の天然記念物に指定されたものと思われる。雌雄異株であるが、雌株は非常に少なく、桜の開花前の三月に雄花が赤く目立つことから、ハナノキ（別名ハナカエデ）と命名された。

　花沢《はなざわ》の二カ所のハナノキは、『淡海国木間攫《おうみのくにこのまざらい》』（一七九二年）に、「聖徳太子が湖東三山《さんざん》の百《ひゃく》済《さい》寺を建立した帰り道、この地で昼食を摂《と》られた時、私が広げる仏教が栄える限り、この木も

大きく成長するだろうと、使われた箸を各々の花沢村に一本ずつ挿したところ、誓いの通りに立派な木になった」という記載がみられるように古くから霊木神木として信仰を集めていた。

北花沢のハナノキは国道三〇七号に隣接した場所に、大小五本の木が生存しているが、国の天然記念物に指定されているのは、二番目に大きい南側の一本のみであり、古木であるため、主幹や枝の損傷が多く、樹勢が弱っているように感じられる。

また、当地ではハナノキは昔から葉一枚持ち出さずに大切に保護されており、この木が適湿地を好むため、かつて湿地だったことを示す小池も保護の対象として同様に大切に守られている。

（鹿田）

北花沢で最大のハナノキ（02.11.30）

101

南花沢（八幡神社）のハナノキ……………【カエデ科】

所在地　愛知郡湖東町南花沢　　所有者　八幡神社
樹高　10ｍ　　幹周　469㎝
樹齢　推定450年
区分　指定木（国天然記念物、新・日本名木百選）、御神木、お手植木、景観木

国の天然記念物に指定されたハナノキの巨木（03.8.25）

南花沢《みなみはなざわ》のハナノキは、北花沢のハナノキから約三〇〇ｍ南に位置する八幡神社の境内にあり、国道三〇七号沿いの駐車場には、この地に立ち寄られた一六歳当時の姿の聖徳太子像が立っている。

ハナノキは高冷地の湿地に自生するものが多く、南花沢のハナノキも西側に小さな池が残されているが、温暖地に育つことは珍しくハナノキ分布の西限として国の天然記念物に指定されている。

また、南花沢のハナノキは日本一とされる岐阜県土岐市の白山神社のハナノキ（幹周四・二

m）に次ぐ巨木であるとされているが、今回の調査では幹周が四六九㎝あるので、老朽化が進んでいる白山神社のハナノキを抜いて、ハナノキとしては日本最大級の巨木であるといえる。

しかし、この木は神社の境内にあり、周辺をスギ、ヒノキ、ツバキなどの樹木に囲まれているため、日当たりを好むハナノキの環境としては、けっして良くない。主幹には大きな空洞が開き、枯れ枝や腐朽菌であるマンネンタケが随所に発生していた。

そのため、京都大学の川那辺教授の指導を受け、一九九九年（平成一一）に樹木医により腐朽部の除去、空洞部の処置、土壌改良などの治療が行われた。なお、境内には美濃より移植された雌木を含めた数本が補植されている。

（鹿田）

治療が施された痛々しいハナノキの幹（03.11.23）

102 愛東南小学校のクスノキ

【クスノキ科】

所在地　愛知郡愛東町曽根　　所有者　愛東町
管理者　愛東南小同窓会　　樹　高　24m
幹　周　464cm　　樹　齢　約130年
区　分　指定木（校木）、象徴木、景観木

愛東南小学校の校木・クスノキ（03.1.11）

国道三〇七号の「妹南《いもと》」交差点から県道二一七号を東方向へ五〇〇mくらい進むと大きな木が見えてくる。「曽根《そね》」交差点を右折するとすぐ目の前にクスノキがある。愛東《あいとう》南小学校のシンボルの木として、校門の前に威風堂々とした風格をもっている。

このクスノキは、一八七五年（明治八）に小松学校・致知学校・小山学校として開校された三校が西小椋尋常小学校と称して統合された一九〇一年（明治三四）、それまで致知学校に植えられていたもの（当時樹齢約二五年）を高学年（四年生）の児童みんながかついで現在の場所に移植されたのだという。

　百有余年の風雪に耐えて大きく成長した巨木・クスノキは、現在まわりに保護柵が設置され、サツキなども植えられ下草刈りなど清掃もなされ、大切に守られている。しかし、幹の一部分にはコケやノキシノブが着生し、頂部が枯れたりしてきているので、一九九七年（平成九）から樹木医による治療が行われている。

　このクスノキは多くの子どもたちに大きな夢と希望を育み、同窓の人たちには母校の象徴として、社会で躍進する心の支えとなってきた。一九七九年（昭和五四）「校木」に指定され、翌八〇年から毎年一〇月頃に「くすのき祭」が開催され、地元の人たちから大変親しまれている。

（渡部）

こんもりと茂るクスノキ（03.1.11）

103 旧大萩のオオツクバネガシ ……【ブナ科】

所在地　愛知郡愛東町百済寺甲
所有者　大萩区
樹高　最大26m
幹周　最大546cm
区分　巨木

国道三〇七号「池之尻《いけのしり》」交差点から県道二二九号（百済寺甲《ひゃくさいじこう》上岸本《かみきしもと》線）を東方向に向かうと、やがて細い山道に変わる。角井《かくい》峠を越えると、犬上《いぬかみ》川（南谷）の源流となり、比較的平坦な土地が続く。通称大萩《おおはぎ》（百済寺甲）は、多賀町と永源寺町に接する愛東町最東端に位置する山村である。一九七二年（昭和四七）の台風二〇号の接近で山津波が発生し、住民の大半は七五年（昭和五〇）に愛東町上岸本の大萩住宅団地へ集団で移住した。

大萩の村社・白髭《しらひげ》神社裏山の急な北向き斜面（約四〇度、標高約四五〇m）には、山津波を修復した堰堤《えんてい》の上部から西の方にかけてオオツクバネガシの巨木が四本みられる。樹高は二五m前後で、幹周は堰堤上部から西に向かって順に五四六、三四〇、三七六、四九〇cmである。幹にはコケや地衣類のほかにタカノツメやヤマウルシなどの樹木が着生し、いずれも風格がある。

かつては七〜八本あったというが、今も若木は育っており、天然更新しているようだ。周辺は植林されているが、コウヤマキ、アスナロ、コナラ、タムシバなどの樹木が特筆される。

（大谷）

急斜面に生えるオオツクバネガシの巨木（03.4.27）

104 県道五個荘八日市線のコブシ並木 【モクレン科】

所在地　神崎郡五個荘町奥~木流
路線名　県道328号（五個荘八日市線）
樹　種　コブシ（139本）、シャリンバイ、カナメモチ
区　分　地方並木
形　式　両側一列、路肩

　五個荘町奥から木流《きながせ》にかけての田園地帯に一本の道路が抜けていく。主要地方道五二号（栗見《くりみ》八日市線）と国道八号を結ぶバイパスで、かつては町道であったが現在は県道に昇格している。この道路の約八〇〇mの区間でコブシの並木がみられる。

　コブシ並木は最近でこそ、近江八幡市、八日市市、水口町、浅井町、木之本町などで植えられるようになったが、当時としてはめずらしく、個性化をねらった町職員のアイデアで、町道の舗装が終わった一九八七年度（昭和六二）から二年がかりで植えられたという。

　途中、近江鉄道本線が横切っており、カラフルな電車が「ガチャコン、ガチャコン」と音を立てて走っていく。早春の楚々とした白い花、卵形の深緑の葉、赤く色付いた実、そして落葉した裸木と、四季折々の移ろいがあって散策に楽しい。（大谷）

田園地帯に続くコブシ並木（01.4.7）

105 政所のチャノキ……【ツバキ科】

所在地　神崎郡永源寺町政所
樹高　1・9m
樹齢　推定300年
所有者　白木駒治氏
幹周　30cm
区分　指定木（県自然記念物）

日本における茶の栽培は、僧最澄（伝教大師）が中国の種を持ち帰り植えたのが起源といわれ、政所《まんどころ》では永源寺五世の越渓秀格禅師が栽培を始めたと伝わる。その後、栽培に適した当地の茶は、「宇治は茶所、茶は政所」と唄にも歌われ、銘茶として全国に名を馳せ今日に至っている。

この集落には政所茶の歴史を知る、樹齢三〇〇年のチャノキが今も現役として大切にされている。普通チャノキは一番茶、二番茶、三番茶を摘み取った後は剪定《せんてい》され、四〇年に一度くらいは樹勢回復のために株元から伐採されるが、このひと株だけは現在の当主が知る限り手が加わっていないとのことである。

古木になると芽生えは株立ちになるため、茶畑に広がった姿

光を遮断したチャノキの古株（03.5.24）

茶葉の摘み取り風景（03.5.24）

は東西七m、南北七・三mにも及ぶ。摘み取りの二週間前に全体がモチ藁《わら》で編んだ薦《こも》で覆われ、光を九五%遮断した暗闇の中で高級玉露になるための時を待つ。

　五月下旬、茶摘は早朝から親族一同が集う恒例行事となっており、今年も幼少から慣れ親しんできた古木のお茶が摘めることに、感謝する一日でもあるかのようだ。

　現在、全国で生産される茶葉の八〇%は、機械摘みに適した茎長品種の「やぶきた」で、茶畑は弧状の畝《うね》となっている。しかし、手摘みの多いこの集落では、在来品種が丸く盆栽風に剪定され、急峻な斜面にモザイク状の美しい風景を醸し出している。

（森）

106

甲津畑のクロマツ（信長馬つなぎの松）……【マツ科】

所在地　神崎郡永源寺町甲津畑
所有者（管理者）　速水紳吾氏
樹高　6m
幹周　242cm
樹齢　推定180年
区分　歴史木、景観木、後継木

甲津畑《こうづはた》は中世以降、近江と伊勢、美濃尾張を結ぶ千種《ちぐさ》街道の村として重要視され、鎌倉時代の末ごろから土地の豪族・速水氏が活躍していた。なかでも戦国時代、『信長公記《しんちょうこうき》』（一六一〇）にもその名をみる速水勘解由左衛門《かんろくざえもん》は、蒲生氏、布施氏らとともに杉峠から布施まで警護の任にあたり、織田信長の千種（草）越を助けたことで知られている。『信長公記』には一五七〇年（元亀元）、上洛帰途の信長が速水氏の案内で藤切川沿いの山道を通行中、密命を受けた杉谷善住坊に鉄砲で狙撃されるも、危うく難を逃れたことが記されている。

道中、信長はたびたび甲津畑の速水家で宿をとったが、家の前庭にはえていた松の木をたいへん愛でたという。そして、この木に自分の馬をつないだことから「信長馬つなぎの松」とか「勘解由左衛門の松」と呼ばれている。一代目なら樹齢は四〇〇年をはるかに越えるが、おそらく伝説を継承した数代目のものと思われる。

幹は斜上してすぐに二分枝し、一本は上方に短くのびて枝を幾重にも広げ、もう一本は地面すれすれに長くのびている。枝には添え木が施され、丁寧な剪定《せんてい》で管理が行き届いており、庭園樹として見事な枝ぶりである。

（大谷）

織田信長ゆかりのクロマツ（02.5.6）

地面すれすれに長くのびた枝（02.5.6）

107 千種街道のイヌシデとミズナラ並木……［カバノキ科］ほか

所在地　神崎郡永源寺町甲津畑　樹　高　20m
幹　周　449cm　樹　齢　推定700年
区　分　指定木（町天然記念物）、歴史木、景観木

蓮如上人ゆかりのイヌシデ（02.5.6）

千種《ちぐさ》街道は中世、近江と伊勢を結ぶ古道で、八風《はっぷう》街道の如来《にょらい》（八日市市）から分岐し、市原《いちはら》野《の》、甲津畑《こうづはた》（いずれも永源寺町）を経て山道に入り、杉峠、根《ね》の平《ひら》峠を越えて、千草（三重県菰野町）へと至るルートで千種（草）越とも呼ばれる。

甲津畑の集落を抜け、渋川上流の林道を進むとやがて右手に桜地蔵尊があり、橋を渡ると本格的な山道にかわる。「塩津」と呼ばれるあたりには「蓮如上人御旧跡」があり、古井戸や石垣跡などが残っている。しばらく行くと眼前に、天をおおい尽くすようなイヌシデの巨木が姿

を現す。『近江名木誌』（一九一三）には、このシデの木について次のような言い伝えが記されている。

　一四六九年（文明六）春、蓮如上人が千草峠越えの途次、甲津畑の黒川銀右衛門宅に宿をとったが、敵の追撃により銀右衛門は蓮如を山中の炭竈《かまど》に隠し、難を免れた。銀右衛門は蓮如の弟子となり、法名を頓入と号した。その時、炭竈の傍らに見風乾（シデ）の大樹があるのを見て、蓮如は忘れ形見としてこの木の保存を頓入に托し伊勢国に逃れたという。

　主幹は地上四m付近で六分枝し、さらに枝分かれを繰り返し、大きな樹冠を形成している。ツタウルシ、テイカカズラ、ナツヅタなどが絡み、枝にはコバノトネリコなどが着生している。根元はこぶ状、板根状になって大きく広がり、神々しいまでに威厳がある。

　さらに進み、かつて銅を採掘していたという「向山鉱山跡」付近にはミズナラ、スギ、クマシデ、イヌブナ、カエデ類などの見事な並木がみられる。なかでもミズナラが最も多く、樹高二五m、幹周四二一cmの大木をはじめ、幹周三m以上の大木は六本を数える。豊かな自然とともに歴史の古さを感じさせる街道である。

（大谷）

千種街道に残るミズナラ並木（02.5.6）

108

昭和町のムクノキ（西の椋）

【ニレ科】

所在地　八日市市昭和町
所有者　中野神社
樹高　26ｍ
幹周　785㎝
樹齢　推定650年
区分　指定木（県自然記念物、市保護樹木）、景観木

近江八幡市から永源寺町方面に向う国道四二一号の「清水《しみず》三丁目」交差点を右に曲がってすぐ左手に、枝を四方にのばし、根元の部分が熱帯の樹木のように板根化している大きな木が見える。それが「昭和町のムクノキ」である。このムクノキは幹周が七八五㎝もあり、ムクノキとしては県下最大級を誇り、滋賀県自然記念物に指定されている。

かつてこのあたりはうっ蒼とした森であったが、開墾されて田畑となり、最近では住宅地に変わりつつある。その森があったという生き証人がこのムクノキである。木の所有者は東中野町にある中野神社であるが、御神木にはなっていない。神社からかなり離れているからだろうか。かつては、東へ四〇〇ｍほど離れたところにもう一本のムクノキがあり、それぞれ「東の椋」「西の椋」と呼ばれていた

美しい樹形のムクノキ（02.11.3）

が、「東の椋」は沖野に飛行場があった戦時中、飛行の邪魔になると半分に切られ、戦後まもなく枯れてしまったという。そのため、今では「西の椋」だけが残っている。

板根状になった根元（02.11.3）

このムクノキのすぐ北側にはビルがあり、周りに木はなく一本の独立樹である。今のところ枝張りはよく健在だが、ツタが絡みサルノコシカケなどがついてきており、将来は不安である。推定樹齢六五〇年といわれているが、子子孫孫にわたって、この町を見守っていてほしいと願っている。

（和田）

109

延命公園のコナラ ……………【ブナ科】

所在地　八日市市清水二丁目　所有者　八日市市
樹高　23ｍ　幹周　４５０㎝
樹齢　推定１２０年　区分　指定木（市保護樹木）、象徴木

延命《えんめい》公園入口には左右にスギの木がある。昔、この地に存在した玉水稲荷神社の参道入口の御神木として植えられたと言い伝えられ、市の保護樹木（一九八六）に指定されている。

延命公園のシンボルツリー（02.12.14）

公園入口より石段を少し登ると小動物舎があり、奥の小動物舎の隣にはコナラの巨木がみられる。コナラとしては市内最大で県下でも有数の巨木であり、同じく市の保護樹木（一九九八）に指定されている。

コナラは別名「ホウソ」と呼ばれ、クヌギとともに雑木林を代表する樹木であり、薪炭《しんたん》用やシイタケの原木として利用されてきた。小動物舎を覆うように茂ったコナラは、幹の下部より二又に分かれ向かって右側の方がより大きく成長し太くなっている。枝は手のひらを広げた様によく成長しているが、太い枝の枯損も数カ所あり、樹皮にはコケ類、ノキシノブなどの着生も多くみられる。

（菊井）

110

旧平田小学校のアメリカスズカケノキ

……【スズカケノキ科】

所在地　八日市市下羽田町
樹　高　20・5m
樹　齢　推定100年
所有者　八日市市
幹　周　410cm
区　分　指定木（市保護樹木）、象徴木

旧平田小学校の平田グランドには、アメリカスズカケノキの巨木があり、市の保護樹木（一九七八）に指定されている。明治の末、平田尋常高等小学校の時代に植えられたものと推察される。

一般に「プラタナス」と呼ばれるのは学名の属の総称で、本種のほかスズカケノキやモミジバスズカケノキも含まれる。アメリカスズカケノキは北アメリカ東部原産で、集合果は一個つき樹皮は暗褐色で縦に割れ目が入るが大きくはがれ落ちることはほとんどない。世界各地で植えられ、日本へは一八八二～八三年（明治一五～一六）頃渡来したと言われている。プラタナスの仲間は秋に鈴のような果実をつけることから「鈴懸《すずかけ》の木」の名があり、成長が早く丈夫なので公園や街路樹として植えられる。

グランドの隅に大きく成長したこの木は、周囲からもよく目立っている。樹勢はよいが、枝の切除痕が数ケ所みられ、幹が分かれている所にも大きな切除痕がある。また、切除した所が再生してコブ状になっている所もみられる。

（菊井）

プラタナス類では珍しい
アメリカスズカケノキ（02.11.3）

111 官庁街周辺のクスノキ並木……【クスノキ科】

所在地 八日市市上之町、緑町、外町、野村町
路線名 県道216号（雨降野今在家八日市線）、市道緑町神田線
形　式 両側一列、植樹帯・植樹桝・路肩
樹　種 クスノキ（243本）、スギ（35本）、ヒノキ（14本）、サツキ、マメツゲなど
区　分 市街並木、地方並木

近江鉄道八日市駅から東に約一kmのところに、市役所や県総合庁舎などの公共機関が立ち並ぶ官庁街がある。この官庁街（行政ニュータウン）は「森と水と屋根のある町」をキャッチフレーズにしてつくられ、一九七四年（昭和四九）に完成したが、仕上げとしてメインストリートの両側にクスノキが植えられた。現在ではこんもりと茂った重厚さのある並木に成長し、周囲の官公庁の建物ともよくマッチしており、「新・日本の街路樹百景」（読売新聞社選定）の一つに選ばれている。

やや東に外れると、道路で分断された若松天神社社叢《しゃそう》の傷口をふさぐように、スギやヒノキが混植されている。最近、河桁《かわけた》御河辺《みかべ》神社横まで市道が延長され、クスノキ並木も東にのびている。また、西方向にも県道の拡張にともなって八日市高校前付近までクスノキが植えられているが、官庁街から遠ざかるほど剪定《せんてい》が過度になり、全体的な調和を乱している印象をもつ。

なお、行政ニュータウン内ではその他、ハナミズキ、マテバシイなどの市街並木やケヤキ、ソメイヨシノなどの構内並木（市役所）もみられる。また、法務局前から県道一三号にいたる市道（内環状線）沿いには、道路計画線上にあったクスノキやチリメンガシなどが移植、保護されている。

（大谷）

官庁街の美しいクスノキ並木（00.5.5）

東にのびるクスノキ並木（00.10.9）

112 賀茂神社のサカキ（連理の真榊）……【ツバキ科】

所在地　近江八幡市加茂町
樹　高　（連理木）6m、4m
区　分　御神木、ご利益木、奇木
所有者　賀茂神社
幹　周　（連理木）47cm、37cm

賀茂《かも》（加茂）神社は約二八〇〇〇坪の広い境内を有し、境内横には約四〇〇mの馬場がある。社伝によれば七三六年（天平八）に荘厳な社殿を建築し、そこに京都下鴨、上賀茂神社のご分霊を戴《いただ》き、賀茂神社を創建したと伝えられる。この神社は馬の調教所の守護ということで、馬にまつわる行事が多くあるが、その一つに五月に行われる足伏走馬神事がある。現在は競馬や交通安全の守護神としても崇敬されている。

賀茂神社の連理のサカキ
（03.1.26）

鳥居をくぐった参道の中に、周囲を石柱で囲われたサカキが三本ある。このうち二本は高さ約二mのところで連理《れんり》（一つの木の枝と他の木の枝が相連なって木目が同一になること）になっている。木自体はそれほど大きくはないが、「連理枝」は夫婦や家族などの堅い結びつきの象徴として信仰され、縁結びや子授け、安産などにご利益があるとされている。

（渡部）

サカキの「連理枝」（03.1.26）

113 愛の神のカゴノキ ……【クスノキ科】

所在地 近江八幡市長光寺町　**所有者** 長光寺
樹高 10m　**幹周** 442cm
区分 御神木、ご利益木

『武《む》佐《さ》学区神社史』によれば「小規模の丘陵に松の老樹（夜泣きの松）ありたり。老朽枯損し参拝者の献ずる火が原因にて二回の火災あり。後日旧薬師神社の上屋を改築し、神木の一部を安置す。また同所に女楠の古木あり。子供の病気及び夜泣きに御利益あり」といい、「遠近よりの参拝者今に絶えず」と記されている。

毎年七月晦日に子どもの神として祭礼が営まれ、吊提灯にそれぞれ好みの絵を書き奉納する習慣があり、多くの人たちが子どもを連れて参拝する。

マツの木は枯れて今はなく、カゴノキ（正しくはケヤキを抱いたカゴノキ）が御神木になっている。カゴノキの幹の空洞部にケヤキが生えて樹高一五mの大木に成長し、カゴノキがケヤキを抱き込んでいるようにみえる。カゴノキ（鹿子の木、別名カゴガシ）は雌雄異株の常緑高木で、灰黒色の樹皮がまだらにはがれて白い「鹿の子模様」になる特徴をもつ。（渡部）

ケヤキを抱いたカゴノキ（03.1.26）

114

長光寺のハナノキ……………【カエデ科】

所在地 近江八幡市長光寺町　**所有者** 長光寺
樹　高 9m　**幹　周** 300cm
樹　齢 推定500〜600年
区　分 指定木（市文化財）、記念木、景観木

「安産の仏さま」として信仰を集める長光寺《ちょうこう》は、近江八幡市の南に位置する瓶割《かめわり》山の麓にあり、推古天皇の頃、聖徳太子が建立したと伝えられる真言宗の名刹である。

このお寺の境内には、樹齢が五〜六〇〇年と推測されるハナノキの巨木がある。寺の縁起によると、聖徳太子が妃《きさき》の平産を喜び、長光寺を建立し、その記念に植えられたものと伝えられている。

本来、ハナノキは高冷地の湿潤な場所にしか生えないとされているが、長光寺のハナノキは丘の上にあり、しかも日本の最も南に生育している巨木ということで、とても貴重な存在である。

このように、自生地とは異なる環境で生存できているのは、お寺の方が根元に苔が生えるほどに水を与えておられることに加え、二〇m離れた池まで根をのばしているハナノキの生命力に感心させられる。しかし、近年の樹勢の衰えのため、数年前より樹木医による腐朽部の除去や樹勢回復の処置が行われている。

ハナノキは雌雄異株である。この木は雄株であるため種子ができないのは当然として、挿し木や接ぎ木での繁殖も困難であるため、後継樹の育成が困難であると考えられたが、約二〇年前に高取木をして育成したものが山門の左側に植えられ、幹周六〇cmにまで成長している。

（鹿田）

紅葉しはじめた
ハナノキ（03.11.23）

小さな花をつけた
ハナノキ（03.4.6）

115 伊庭貞剛邸跡のクスノキ ……【クスノキ科】

所在地　近江八幡市西宿町　所有者　伊庭貞剛子孫・菅沼綾子氏ほか
管理者　おうみ健康文化友の会（代表・周防保郎氏）
樹　高　27m　幹　周　521cm
樹　齢　推定400年以上　区　分　象徴木

伊庭貞剛邸跡に残るクスノキ（03.1.26）

伊庭貞剛《いばていごう》は一八四七年（弘化四）一月五日、母の実家、現在の野洲郡中主町八夫《やぶ》で生まれ、その後、近江八幡市西宿《にしじゅく》町の伊庭家で育った。伊庭家は佐々木源氏の流れをくむ伝統のある家で、屋敷は中山道に面し、長屋門を構えた立派な造りの家だったという。貞剛は二二歳で司法官に任命され各地で活躍するが一〇年余で退職し、叔父の広瀬宰平《さいへい》に誘われ住友に入社した。後に住友総理事をつとめるが、別子《べっし》銅山を煙害から守り、植林によって山々に緑をとり戻し、瀬戸内海の無人島「四阪島《しさかじま》」に製錬所移転を断行するなど、

菜の花畑から見えるクスノキ（01.4.23）

早くから環境問題に取り組んだ人物として知られている。

伊庭邸が面していた中山道は古代東山道を受け継ぐ道筋で、江戸時代には五街道の一つに数えられていた。近江路には柏原《かしわばら》から草津まで九つの宿場があるが、近江八幡市の武佐《むさ》宿もその一つである。この地は伊勢方面に向かう八風《はっぷう》街道（現在の国道四二一号がほぼ踏襲）と八幡城下町方面に分岐する交通の要所で、宿場町は長さ約一㎞に及ぶ。

伊庭邸は今はなく跡地は整地され、すでに老木の域に入ったクスノキだけが往時の姿をかろうじて今日に伝えている。幹にはコケや地衣類が着生し一部小枝が枯損しているが、下草を刈ったり周辺整備をするなど、「おうみ健康文化友の会」の人たちによって大切に手入れされ守られている。

（渡部）

116 八幡神社のナギ……【マキ科】

所在地　蒲生郡安土町内野　所有者　八幡神社
樹高　15m　幹周　248cm
区分　御神木

内野《うちの》は安土町の南端に位置し、県道小脇《おわき》西生来《にしょうらい》線の北側に集落が広がっている。八幡神社は集落のはずれに見える森をめざしていくと容易に行き着ける。この森にはスギやヒノキを中心として、他にもいろいろな樹木が生育している。

本殿前にそびえるナギの木にはお供え物の台石があり、御神木として大切にされているようすが伺われる。ナギは紀伊半島や鹿児島県南部など暖かいところに分布する種類で、大きいものは高さ二五mに達するが、県内ではこれほどの大木は珍しいと思われる。幹には地衣類が付着し、コブや空洞もあるが、樹勢は良好である。

なお、道路沿いの駐車場に近いところにあるスダジイにも注連《しめ》縄が張られており、御神木とされている。樹高は一二mだが、幹周は四五〇cmもある巨木である。

（青山）

本殿前に佇む御神木・ナギ（03.1.26）

117 左右神社のイチイガシ……【ブナ科】

所在地　蒲生郡竜王町橋本
所有者　左右神社
樹高　25m
幹周　291cm
区分　象徴木

県内では稀産のイチイガシ
（03.1.26）

県道五四一号（綾《あや》戸《ど》東川《ひがしがわ》線）を近江八幡市東川町から竜王町方面に走っていると、西側にこんもりとした常緑樹の社叢《しゃそう》林が見えてくる。これが左右《さゆう》神社である。

左右神社の所在する橋本は、往昔《おうせき》、橋本村と武久《たけひさ》村の二村合併によって成立した集落で、神社が鎮座する場所は往時の武久村の地所である。社蔵の宝物には多くの古文書のほか、大般若波羅蜜多経や古鏡が保存されている。古文書は鎌倉時代末期のもので、史料価値が高く、『左右神社文書』として知られている。古鏡は二面あっていずれも藤原時代の和鏡で貴重な文化財である。

本殿横の樹林の端にイチイガシがある。幹の一部にはコケや地衣類が着生しているが、樹勢はたいへん良く樹姿も美しい。イチイガシは成長は速くないが長命で巨木になる。しかし、県内では大津市の八所神社（伊香《いか》立下在地《だちしもざいち》町）など生育地が少なく、幹周は三mにはわずかに及ばないものの貴重な存在である。なお、イチイガシの堅果（どんぐり）はその年の秋に熟し、生食できる。

（渡部）

118 稲荷神社のタブノキ……【クスノキ科】

所在地　蒲生郡日野町大窪

所有者　稲荷神社

樹高　12m

幹周　517cm

樹齢　推定300年以上

区分　御神木

「大窪」交差点の信号がある角地に、こじんまりとした社殿がひっそりと佇《たたず》み、タブノキの巨木がおおいかぶさるように生えている。

稲荷神社の創立は慶長年間（一五九六〜一六一四）で、現在の位置に鎮座したのは、興仙寺が大窪に移転した一六九一年（元禄四）頃と思われ、この地は蒲生家の家臣・町田氏の屋敷跡の可能性が高い。一九三三年（昭和八）の社殿改修の際、「神殿を南面にせよ」との御神託があったそうである。

タブノキが植えられた年代は不明であるが、稲荷神社が現在地に鎮座したのと同じ頃と思われ、樹齢は三〇〇年以上と推測される。タブノキは日本の固有種で巨木になり、神はこの木を依代《よりしろ》として降臨するといわれ、御神木として信仰の対象となっている。『滋賀の名木誌』（一九八七）には写真が掲載されているが、当時とは環境の変化が大きく、健全とは言い難い。

（伊藤）

稲荷神社のタブノキの古木（03.8.23）

119

熊野のヒダリマキガヤ……【イチイ科】

所在地　蒲生郡日野町熊野
所有者　（一号、二号）坂久典氏　（三号）前田富雄氏
樹　高　（一号）17・5m（二号）11・5m（三号）13・0m
幹　周　（一号）239cm（二号）176cm、44cm（三号）252cm
樹　齢　推定400年　区　分　指定木（国天然記念物）、奇木

ヒダリマキガヤは普通のカヤに比べ、葉や樹形は同じであるが、種子が長楕円形で著しく大きく、縦すじは左または右にねじれているのが特徴である。県内では日野町熊野だけにあり、三本が一九二二年（大正一一）、国の天然記念物に指定されている。地元ではヒダリマキガヤをマキガヤ、普通のカヤをマルガヤと呼んでいる。

ヒダリマキガヤ（1号）（03.6.21）

ヒダリマキガヤに関して一九二一年（大正一〇）に最初に調査を行なった三好学氏の『天然記念物調査報告植物之部第三輯』（内務省　一九二六）にしたがって、天然記念物に指定されたこれら三本を順に一号、二号、三号とする。一号と二号は坂久典氏の所有地にある。そのうち一号は宅地から道路を隔てた急斜面の上部にあり、地上三mあたりの部分に空洞があるものの、樹木医による治療がなされているのでほぼ良好な生育をしている。二号は宅地内にあり、樹幹頭頂部の幹が折れており、樹幹にはマメヅタ、ナツヅタ、ノキ

ヒダリマキガヤの生長過程

調査年	樹高（m）			幹周（cm）			出展（参考文献）
	1号	2号	3号	1号	2号	3号	
1921	12.6	6.3	12.6	164	80	170	三好学『天然記念物調査報告』
1967	−	−	−	210	138	220	北村四郎『滋賀県植物誌』
1983	17.1	9.1	14.1	225	167	236	太田明『植物と自然17』
2003	17.5	11.5	13.0	239	176 +44（二又）	252	滋賀植物同好会『近江の名木・並木道』（本書）

シノブ、シノブ、地衣類、コケ類などが全体的に着生している。そのせいか健全度はやや不良である。なお、一号の傍らにはほぼ同大のいわゆる「マルガヤ」が並んで生えている。

三号は一、二号から少しはなれた前田富雄氏の所有地にあり、片側が急斜面になった歩道の肩の部分に立っている。樹幹の空洞や大枝の枯損は樹木医による治療をうけているが、枝葉の密度が低いのは樹齢によるのであろうか。

天然記念物に指定されてから、それぞれの生長過程をまとめてみると、上の表のようになる。

一九二二年（大正一一）の報告では三本の平均幹周は一三八cmだったが、二〇〇三年（平成一五）には二一九cmと、八〇年の間に八一cm（年平均約一cm）太くなっている。樹齢の若い時代の四五年間（一九二二〜一九六七）の方が五一cmも太くなっ

ヒダリマキガヤ（3号）（03.6.21）

ており増え方がより大きい。
村の人の話では、種子がよくなる年とならない年があり、豊年の種子はやや小型とか。一本の木から三斗《とう》（約五四ℓ）ぐらいの種子がとれるという。毎年九月下旬から落ち始め、一〇月上旬ごろが最も良く落ちる。落ちた種子は、その場で種皮を除き、灰汁に一週間浸したあと、日光で乾燥してから貯蔵し、煎《い》って食用にしたが、今では食べる人はいないという。また、種子はヤマガラやネズミなどが好んで食べるため、実生はほとんど育っていない。

未指定のヒダリマキガヤ（03.6.21）

ヒダリマキガヤの実
［木川秋子氏撮影］

さらに、指定はされていないが一～三号と同様の種子をつける木が橋本晃一氏の宅地内にある（樹高一三m、幹周二三一㎝）。指定の三本より樹形がよく、大枝の枯損はあるが、健全度はほぼ良好である。

（蓮沼）

120 正法寺のフジ（後光藤）…【マメ科】

所在地　蒲生郡日野町鎌掛　所有者　正法寺
樹高　3ｍ　根元周　38～65㎝（5株8本）
樹齢　推定300年以上　区分　記念木、景観木

「藤の寺」として有名な正法《しょうぼう》寺は、国指定天然記念物である「鎌掛《かいがけ》谷のホンシャクナゲ群落」や「屏風《びょうぶ》岩」などに近く、鈴鹿国定公園の特別景勝地の一つになっている。この寺は臨済宗妙心寺派の禅寺で、普門山正法寺と呼ばれる。ご本尊である十一面観音菩薩は、三三年に一度のご開帳があるという秘仏であり、地元では昔から安産の守護仏として深く信仰されている。

正法寺のフジは、この寺の開祖である普存禅師が元禄時代の初めに、京の都から建立の記念として持ち帰り、寺の境内に苗木を移したと言い伝えられており、樹齢三〇〇年以上と推測されている。このフジは、閻魔《えんま》大王が恐ろしい顔で座っている閻魔堂の横に長い藤棚として仕立てられ、後光山の麓に咲くことから「後光藤」の名で親しまれている。花房の長さが一ｍ近くにもなり、五月の初～中旬を盛りとして、美しい藤の花を棚一杯に咲かせる。

特に五月の連休中には、近くの「鎌掛谷のホンシャクナゲ群落」と同時に訪れる県内外の見学者で賑わうが、ホンシャクナゲの花の盛りの方がやや早い。

五本の幹からなる古木であり、近年は花つきが悪くなる傾向にあったため、四年前から樹木医の指導により病害部の治療や土壌改良等が行われ、樹勢の回復がはかられている。

（鹿田）

長い藤棚に満開のフジ（03.5.5）

長く垂れたフジの花房（03.5.5）

121

鎌掛谷のホンシャクナゲ……【ツツジ科】

所在地　蒲生郡日野町鎌掛
樹　高　4～5m
樹　齢　80～90年
区　分　指定木（国天然記念物）

滋賀県の県花はシャクナゲである。県内の自生地でもっとも有名な所といえば日野町鎌掛谷《かいがけ》のホンシャクナゲ群落であろう。

鎌掛谷の群落は、日野川支流北砂川上流部の鎌掛谷（石楠谷）を流れる爺父岨《やぶそ》川左岸の急斜面約一五〇mにわたって群落があり、指定面積は約二haで約二万本のホンシャクナゲが自生している。ホンシャクナゲの自生地は、比良山系堂満《どうまん》岳の群落のように標高一〇〇〇m以上が一般的であるが、鎌掛谷の群落は標高三〇〇～四〇〇mと低く、きわめて特異な群落である。一九三一年（昭和六）、国の天然記念物に指定された。また、一帯は鈴鹿国定公園の特別保護地区にも指定されている。

花の見ごろは四月下旬から五

鎌掛谷のホンシャクナゲ群落（93.5.5）

月上旬にかけてのゴールデンウイークの頃である。花のシーズンには観光客でたいへん混雑するため、自家用車で群落の入口まで行くことはできない。シーズン中は近江鉄道日野駅などから臨時バスが運行されている。自家用車で行く場合、鎌掛谷入口付近の駐車場に車をとめ、そこからシャトルバスに乗り換えて群落の入口へと向かう。バスの終点から山道を展望台まで歩いて二〇分ほどの間、右手にピンクや淡いピンクの美しく咲いたホンシャクナゲを見ることができる。展望台に登ると、群落を一望することができ、いろいろな表情のホンシャクナゲを楽しむことができる。緑の樹海の中にピンクの花が浮かんでいるように見え、実に壮観である。滋賀県でぜひ訪れたい場所の一つである。

ホンシャクナゲの花（93.5.5）

なお、一九九一年（平成三）より、ワイヤーや支柱の整備など台風や積雪に備えた保護対策が進められている。（和田）

第4章　湖南・甲賀エリア

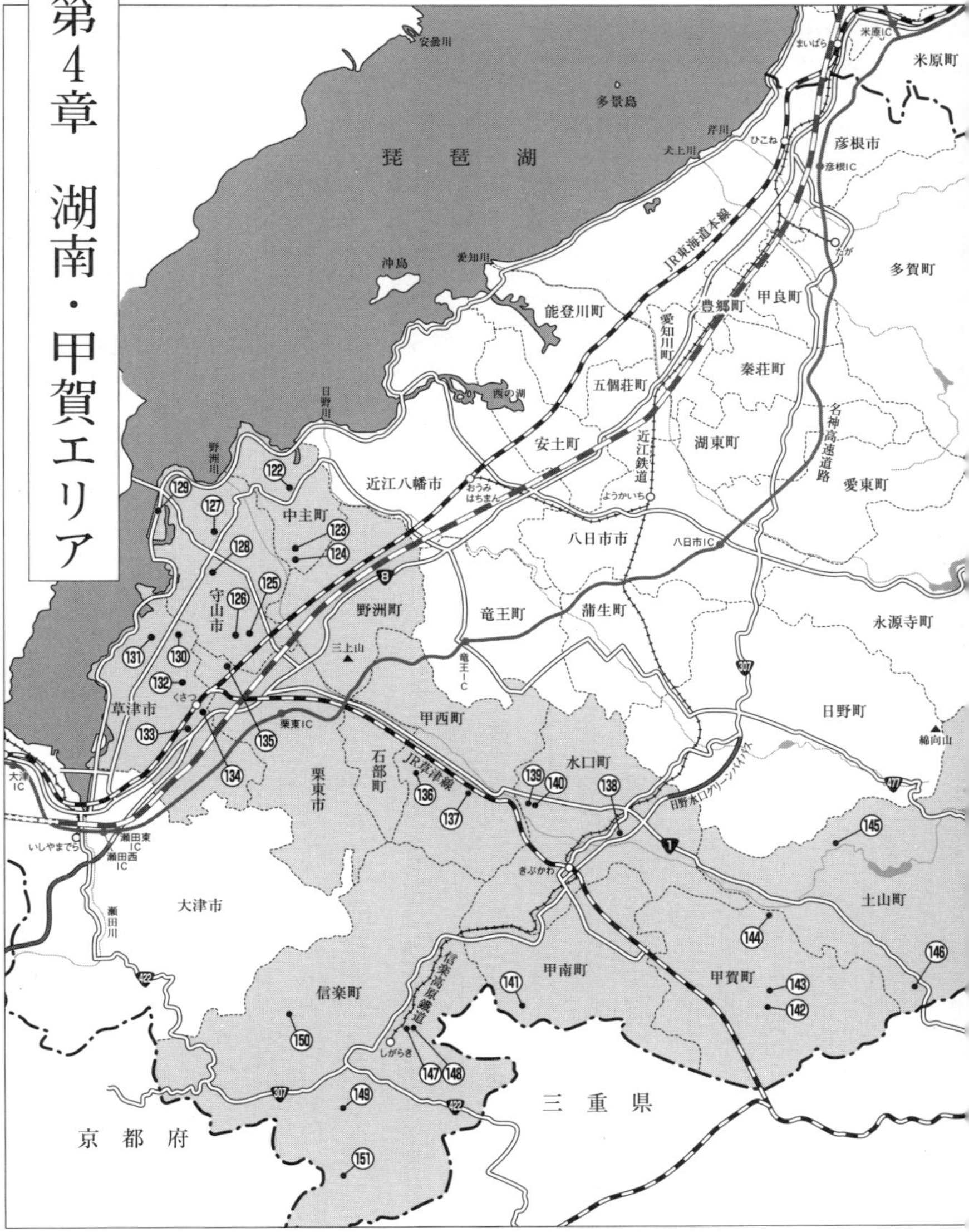

琵琶湖
安曇川
多景島
沖島
愛知川
芹川
犬上川
日野川
野洲川
西の湖
米原町
まいばら
米原IC
彦根市
ひこね
彦根IC
たが
多賀町
甲良町
豊郷町
愛知川町
能登川町
秦荘町
五個荘町
湖東町
愛東町
安土町
近江八幡市
おうみはちまん
ようかいち
近江鉄道
JR東海道本線
名神高速道路
八日市市
八日市IC
中主町
守山市
野洲町
竜王町
竜王IC
蒲生町
永源寺町
三上山
草津市
くさつ
栗東IC
甲西町
石部町
栗東市
JR草津線
水口町
日野町
綿向山
日野水口グリーンバイパス
大津IC
いしやまでら
瀬田東IC
瀬田西IC
瀬田川
大津市
きぶかわ
土山町
甲南町
甲賀町
信楽町
信楽高原鐵道
しがらき
三重県
京都府
122
123
124
125
126
127
128
129
130
131
132
133
134
135
136
137
138
139
140
141
142
143
144
145
146
147
148
149
150
151

122

兵主神社参道のマツ並木……【マツ科】

所在地　野洲郡中主町五条　**所有者**　兵主神社
形　式　両側一列　**樹　種**　クロマツ（162本）など
区　分　参道並木

参道に続くマツ並木

中主《ちゅうず》一帯のこの地は古くから開け、大化改新（六四五年）後に施行された条理制の遺構や五条、六条などの地名が今も残っている。このように古い歴史を有することから著名な神社仏閣が多い。なかでも兵主《ひょうず》神社は、源頼朝の伝説を持つ兵主郷で、古来より野洲川簗《やな》の漁業権を有し、神主は簗仲間の筆頭であった。

春秋には大祭が行われたが、現在では秋の競馬はなく、春の大祭を残すのみとなっている。五月の大祭は五日の午前中に、神社で神事を行い、午後に神輿《みこし》や太鼓神輿の渡御《とぎょ》がある。

もとからの氏子は一六郷といわれ、鳥居まで渡御してくると神主は出迎えてお祓《はら》いをし、ここから楼門まで二〇〇mの馬場をチョッサ、チョッサの掛け声高く神輿をねり、楼門の前の定められた位置に勢揃いすると、神前で神事が始まる。

この馬場の両側には、古くから美しいマツ並木がある。次々と代替わりを繰り返しながら、現在、補植された若木を含め一六二本のクロマツが生育しているさまは、さながら「松の廊下」である。兵主祭は兵主郷一八ケ村の団結の証であり、マツ並木は郷のシンボルとして、現在も広く町民に親しまれている。そのため、町の木として「松」が選定されている。

なお、楼門から拝殿にいたる境内の参道両側にはクスノキの大木が生育しており、社《しゃ》叢《そう》全域が県緑地環境保全地域に指定されている。

（蓮沼）

松の馬場を練る神輿（03.5.5）

123 県道守山中主線のフウ並木 ……【マンサク科】

所在地　野洲郡中主町比江　路線名　県道151号（守山中主線）
形式　両側一列、植樹帯　樹種　フウ（182本）、シャリンバイ
区分　地方並木

守山市川田町から旧野洲川北流堤防をへて、野洲町市《いち》三宅《みやけ》、中主町西河原にいたる県道一五一号（守山中主線）は、守山、野洲、中主の一市二町を結んでいる。

この県道一五一号の中主町と野洲町との境界近く、野洲川にかかる川田大橋から竹生《たけじょう》口付近までの区間に、中国中南部・台湾原産のフウ（タイワンフウ）が植えられている。木はまだ若いが、ほぼ自然の樹形で育てられている。

樹形が美しいフウ並木

夏には涼しい緑蔭をおとし、秋には鮮やかな紅葉が見事で、四季折々の移ろいがあり散策には楽しい。この道路は少々枝張っても落葉してもいい環境なので、地方並木として貴重な立地条件にあるといえる。沿線には長沢神社の御神木・フジが生育している。（蓮沼）

春を待つ裸木のフウ（03.3.3）

124

長沢神社のフジ……【マメ科】

所在地　野洲郡中主町比江
所有者　長沢神社
樹高　18m
幹周　178cm
樹齢　伝承1300年
区分　御神木

中主町比江《ひえ》集落のはずれに長沢神社がある。この神社からフウ並木のある県道一五一号をはさんで向い側の旧野洲川北流の堤防の一角に、周囲を竹柵で囲まれた小さな森がある。クロガネモチ、アラカシ、ナナミノキ、ヤブツバキ、エノキなどがこんもりとした森を形成し、森の中には苔むしたフジの老木がある。

『近江名木誌』（一九一三）によれば「文武天皇の七〇三年（大宝三）三月のある夜、高天が原の諸々の神がこの地に降臨された時自然に生じたものである」と伝えられており、フジは長沢神社の御神木として、また、フジが生える森は神聖な地として篤く祀《まつ》られている。

なお、このフジは一本ではなく、三本の幹が途中で合体して蛇のように互いに巻きつき、再び分かれて一本はエノキに、ほかの二本はクロガネモチとナナミノキに絡みついている。

（蓮沼）

長沢神社の御神木・フジ（03.5.5）

125

東門院のオハツキイチョウ……【イチョウ科】

所在地　守山市守山二丁目
樹高　27ｍ
樹齢　伝承５００年
所有者　東門院（守山寺）
幹周　３４３㎝
区分　指定木（市天然記念物）、目標木、景観木

七八八年（延暦七）、比叡山の東鬼門を護るために建立されたと伝えられる東門院《とうもん》は歴史に残る古寺で、江戸時代には朝鮮通信使の宿舎にもなった。一九八六年（昭和六一）火災に遭ったが、一九九〇年（平成二）に本堂が再建された。

左右からイブキの大木におおわれた仁王さんが迎えてくれる山門をくぐり、左にイロハカエデを見ながら進むとオハツキイチョウの巨木が見えてくる。秋になると葉は鮮やかに黄葉し、カエデの紅葉とともに美しい。高木のイチョウは東門院のシンボル的存在であり江戸時代には旅人の目印になったといわれる。イチョウのそばには鎌倉時代の作で重要文化財である石造宝塔などがある。

イチョウは雌雄異株で、ギンナンができるのは雌株だけである。オハツキイチョウは、一部のギンナンが葉の上にできる珍しい木である。もともと花は葉が変化したものであるが、オハツキイチョウは雌花の柄がふくらんで胚珠を作り種子になり、他の部分が先祖返りして葉になったものである。

イチョウは一億五千万年ほど前、恐竜時代に繁栄した木で、大気汚染にも強く、クスノキに次いで多くの巨木がみられる。（岡田）

東門院のオハツキイチョウ（03.8.22）

126 今宿のエノキ（一里塚の榎）……【ニレ科】

所在地　守山市今宿町
樹高　9m
樹齢　推定130年
所有者　守山市
幹周　207cm
区分　指定木（市史跡）、歴史木、目標木、後継木

江戸時代初期、東海道にならって草津を分岐点とする中山道にも一里塚［一里（約四km）ごとに五間《けん》（約九m）四方の塚］が設置され、旅人の道標としてエノキなどが植えられた。その名残を伝えているのが「今宿《いまじゅく》・一里塚の榎《えのき》」である。県下に残る中山道唯一のもので、当初は道の両側に一対の塚が築かれていたことが、江戸時代の『守山古絵図』からもわかる。

現在は道路拡張で東側の塚だけが残っている。全国的にも数少なくなっていることから、一九八七年（昭和六二）、市によって周辺が整備され、保存されている。もとのエノキは明治初めに主幹が枯れ、現在のものは脇芽が育った二代目といわれている。強い剪定がやや気になるが、今のところほぼ健全な状態で後継木としての役目を果たしている。エノキは漢字では「木」偏に「夏」と書くが夏、うっそうと葉を茂らせるエノキは、旅人に緑蔭を提供したことだろう。なお、すぐ脇にはムクノキが育っている。（伊藤）

一里塚に残る2代目エノキ（03.8.22）

127 樹下神社のイロハモミジ（中野若宮の楓）……［カエデ科］

所在地　守山市水保町　所有者　樹下神社
樹高　Ⓐ12m、Ⓑ13m
幹周　Ⓐ262cm　Ⓑ238cm
樹齢　推定100年　区分　歴史木

2本のイロハモミジの大木（03.4.6）

樹下《じゅげ》神社には拝殿に向かって左側に二本の大きなイロハモミジがある。紅葉する時期がそれぞれ異なっていて、遠くに見える比良山を背景に趣があっておもしろい。拝殿近くのモミジが大きく、コケや地衣類が着生していて年輪を感じるが、幹の下部は樹皮がよく磨かれていて子供たちが登ってよく遊んだあとをうかがわせる。

このモミジは一八九六年（明治二九）九月、旧野洲川で大洪水があったとき、京都の御所修築工事に参加していた土地の人が苗を持ち帰って植えたものだといわれる。当時、台風と集中豪雨により、野洲川流域にあるこの地も大きな被害を受けた。水害の恐ろしさを忘れないよう、また、旧水保《みずほ》村中野地区の復旧と団結を願って植えられた。

イロハモミジは別名タカオカエデとも呼ばれ、葉は小形であるが紅葉がとても美しく親しまれている。なお、境内にはイチョウ、アカマツ、スギ等の樹木があるが、幹が途中で切断されているのが残念である。（岡田）

128

少林寺のギンモクセイ……【モクセイ科】

所在地　守山市矢島町　**所有者**　少林寺
樹高　7m　**幹周**　260cm
樹齢　推定500年以上
区分　指定木（市天然記念物）、お手植木、御神木

少林寺《しょうりん》は京都の酬恩庵《しゅうおんあん》（一休寺）とともに、禅僧・一休宗純と縁が深いお寺である。山門を入った左側に古い鐘楼があるが、鐘は太平洋戦争で供出されたが無事返還された貴重なものである。境内は掃除が行き届いて、美しいスギゴケとともに歴史を感じさせる。

本堂前には一休禅師のお手植えと伝えられるギンモクセイの古木がある。かつては二本の幹があったが、一九三四年（昭和九）の室戸台風で一本が折れたという。九月下旬から一〇月初旬に白い花を咲かせる。高貴な香りが境内に漂い、ギンモクセイとしては大木なので外の道を行く人にも香りを楽しませてくれる。

数年前から樹勢の衰えが目立ち始めたため、樹木医と相談して、二〇〇三年（平成一五）五月、古い根を切るとともに、根の成長を阻害していた石組みの囲いを直径三mから六mに広げて土も入れ替え、発根を促すことにした。

五月にドウダンツツジの古木が可憐な花を咲かせ、七月にはナツツバキ（娑羅双樹）の白い花が咲き、古寺の趣がある庭園である。（岡田）

一休禅師ゆかりのギンモクセイ（03.5.22）

129

さざなみ街道のサクラなどの並木……【バラ科】ほか

所在地 守山市木浜～水保町　**路線名** 県道559号（近江八幡大津線）
形式 片側一列（両側二列）、植樹帯
樹種 ソメイヨシノ（516本）、シダレヤナギ（121本）、ケヤキ（76本）、トウカエデ（71本）など
区分 地方並木、水辺並木

道路の湖岸側にはシダレヤナギ、トウカエデ、陸地側にはソメイヨシノが二列に植えられている。埋め立て地であることもあって車道の両側は珍しく余裕を持たせており、両側とも二列の並木と歩道がある。佐川美術館前には部分的にケヤキの並木もある。

湖周道路の並木は歴史は古くないが、ここは肥沃な土地だったので成長が良く今後が楽しみである。ただ約二km続くソメイヨシノの並木は、管理の良いところは立派な並木となっているが、良くないところは貧弱でその差は何か考えさせられる。

春は湖岸のシダレヤナギの若芽が琵琶湖に映え、続いてサクラが咲いて周囲が華やぐ。夏は並木の緑と琵琶湖を走るヨットやボート、秋は紅葉したトウカエデの赤黄色が青空をバックに映える。冬は落葉した並木から見る琵琶湖大橋と比良山が素晴らしい景観を構成する。

（岡田）

さざなみ街道のサクラ並木（01.4.10）

130 印岐志呂神社のオガタマノキ……【モクレン科】

所在地　草津市片岡町　所有者　印岐志呂神社
樹高　17m　幹周　144cm
区分　巨木

印岐志呂《いきしろ》神社は、平安中期の『延喜式《えんぎしき》』神明帳《しんめいちょう》に載っている格式の高い式内《しきない》社である。菱格子戸がはめられた庇前室付三間社流造りの本殿（市指定文化財）には安土桃山時代の一五九九年（慶長四）の棟札が残っている。

この本殿脇のオガタマノキは「招魂《おぎたま》の木」で、古代には招魂の霊木としてサカキとともに神事に使われた木である。この木の仲間は東南アジアの亜熱帯を中心に中国、日本の暖帯にわたって十数種ある。常緑で花や葉に芳香をもっており、薬用にもなるといわれている。

印岐志呂神社のオガタマノキはシイやサカキ、ツバキなど常緑の木々の中にあって、鎮守の森に相応しく、神を招き、神が宿る木のひとつである。なお、印岐志呂神社の鎮守の森は一九八八年（昭和六三）、市の自然環境保全地区に指定されている。（長）

本殿脇のオガタマノキ（03.2.23）

131 三大神社のフジ（砂擦りの藤）……【マメ科】

所在地　草津市志那町
所有者　三大神社
樹高　3・5m
根元周　5～90cm（9本に分枝）
樹齢　伝承約430年
区分　指定木（県自然記念物・市天然記念物）、記念木、景観木

当神社のフジは古老の伝説によれば、天武天皇の命により、大化の改新で藤原鎌足の果たした功績を後世に伝えるとともに、摂政・関白の任にあった藤原氏の隆盛を記念して植樹されたものであり、織田信長の兵火（推定一五七一年）により地上部が焼失したが、その後に根元から再生したものが次第に繁茂して、今日に至っていると伝えられている。

この老藤は、山に自生し蔓《つる》が左巻きの「ヤマフジ」に対して、蔓が右巻きの「ノダフジ」であり、淡紫色の花穂が長く二mにもなるため、「砂擦《ず》りの藤」と呼ばれて親しまれている。五月上旬の開花最盛期には、県内外からの見学者も多い。

一九九六年（平成八）に滋賀県自然記念物に、また、二〇〇

花穂が長い砂擦りのフジ（03.5.5）

よく手入れされた藤棚（03.5.5）

三年（平成一五）には草津市天然記念物にそれぞれ指定された。

このフジは一つの親株から数本の株が生じているが、古株の幹には随所に腐朽部があり、一九九七年（平成九）には枝の茂りや蔓の伸びが悪く、枝先の枯れが認められたため、静岡県の樹木医による指導を受けて、県内の樹木医による治療や縁石および棚の拡張が実施され、再び美しい花をつけるようになった。

なお、フジの管理は地元の人々による保存会が行っており、三大神社の社務所には開花時の写真や毎年のフジの花穂が保管され、施肥や灌水などの管理だけでなく、後継樹の育成のための継ぎ木やひこばえの誘導が積極的に行われている。

（鹿田）

国内最大級の「熊谷」（03.5.5）

132 最勝寺のヤブツバキ（熊谷）……【ツバキ科】

所在地　草津市川原二丁目　所有者　光王殿最勝寺
樹高　9m　幹周　75㎝、13㎝（二又）
樹齢　推定350年　区分　指定木（市天然記念物）

ヤブツバキ（*Camellia japonica L.*）は葉の表面に光沢がある照葉樹林の代表樹である。東北地方が北限で、日本海側の多雪地帯には亜種であるユキツバキやユキバタツバキ、九州南部や屋久島などには変種のリンゴツバキと呼ばれる大きな実をつけるものなどがある。

日本に来た宣教師G.J.Kamell（属名の由来）がヨーロッパに持ち帰り、一九世紀にはヨーロッパでも一大ブームになったと伝えられている。日本のツバキの歴史は茶道の普及と大いに関係があり、室町時代以降、公卿《くぎょう》や武士に愛用され、江戸時代に多くの園芸品種がつくられた。

最勝《さいしょう》寺のツバキは「熊谷」という品種で、京都・宝鏡《ほうきょう》寺の「熊谷」が母樹とされているが、宝鏡寺の「熊谷」よりひと回り大きく国内最大級といわれ、文化財的価値が高い。その花は一重で、濃紅色の花びら六枚からなる直径一二cm余の大輪である。春の落椿の頃には、下の道は赤い絨毯《じゅうたん》を敷き詰めたようになって道行く人の足を止めさせる。

この木は一九八三年（昭和五八）、旧葉山川の廃川にともなって道路拡張が持ち上がった時、住職・川那辺大願氏の尽力によって伐採を免れ、「緑いきいき草津」推進会議により市の名木に指定されている。また、二〇〇三年（平成一五）一〇月には、市の天然記念物にも指定された。

（長）

「熊谷」の大輪の花（03.5.5）

133 立木神社のウラジロガシ…［ブナ科］

所在地　草津市草津四丁目
樹高　9・5m
樹齢　推定300年以上
所有者　立木神社
幹周　650cm
区分　指定木（県自然記念物）、御神木

　江戸時代に刊行された『近江名所図会』に立木神社が描かれている。東海道は、京都から大津を通り瀬田の唐橋《からはし》を渡ってくる本道と舟で大津から矢橋《やばせ》に渡る近道があり、矢倉《やぐら》村で本道と合流して草津の宿に入る。その入り口・黒門付近［現草津四丁目（旧宮町）］に立木神社（立木大明神）が位置している。

　神社の縁起によれば「神護景雲元年六月（七六七）、常陸《むつ》国鹿島の鹿島明神を発し十一月十七日当地に着き、志津川畔に携ふる所の柿枝の鞭《むち》を立て置き大和の三笠山に趣き給ふ、然るに其鞭に根を生じ枝葉繁茂したり、里人霊験に感じ社殿を建て立木大明神と称す…」とある。

　ウラジロガシはブナ科の常緑高木に分類され、葉の裏面が粉白色である。また、カシは「厳《いか》し」の転訛《てんか》したもので、その名の通り、材質が堅い。果実はいわゆる「どんぐり」である。

樹勢の衰えが目立つウラジロガシ（03.2.23）

　境内にある県内最古の道標（草津市指定文化財）を囲むように、「鞭に根を生じ枝葉繁茂

県内最大のウラジロガシ（03.7.17）

したり」のごとく四方に大きな枝を張り、その昔、江戸時代から旅人が憩い、時道中安全を願い、時代の移り変わりを見つめ、年輪を重ねている。ただ、幹や枝の枯損、幹の空洞化などが進み、樹勢の衰えが目立ってきているのが心配である。

（長）

134 小汐井神社のクロガネモチとムクノキ

……【モチノキ科、ニレ科】

所在地　草津市大路二丁目　所有者　小汐井神社
樹高　クロガネモチ14m　ムクノキ19m
幹周　クロガネモチ140cm　ムクノキ263cm
樹齢　推定500年
区分　指定木（市名木）、御神木、ご利益木、奇木

小汐井《おしおい》神社は八六二年（貞観五）の創祀と伝えられる。天井川で有名な旧草津川の北に位置する小汐井村が大路井《おちのい》村、そして現在の草津市大路《おおじ》へと地名が変更されてきたが、大路地区の氏神としてだけでなく、昔は東海道、中山道を往来する旅人から厚い信仰を受けてきた神社である。

この神社の御神木は、異種のクロガネモチとムクノキが根元から寄り添うように伸び、地上約三mのところで合体している。このため古くから陰陽、男女の木にたとえられている。この陰陽木に願いをかければ、縁が結ばれ、夫婦和合し、子どもが授かり、家庭円満になると伝えられ、今もって人々に崇められている。（長）

クロガネモチ（右）とムクノキ（左）の合体木（03.7.17）

135 大宝神社のクスノキ………【クスノキ科】

所在地　栗東市綣
樹高　32m
樹齢　推定500年以上
所有者　大宝神社
幹周　522cm
区分　指定木（市名木）、御神木

大宝《だいほう》神社は大宝年間（七〇一～四）の創建と伝えられる。旧中山道から参道を入ると、厄除けに寄進された数えきれないほどの燈籠が並んでいる。四脚門両築地付の表門をくぐると、左右に境内摂社殿が配置された入母屋造りの拝殿や本殿が並んでいる。

本殿前にある御神木・クスノキは『近江名木誌』（一九一三）にも記載された巨木である。クスノキはイチョウやスギとともに長寿の代表木といわれ、このクスノキも推定樹齢五〇〇年以上と伝えられている。クスノキの奥に広がる境内はコジイ、スダジイ、アラカシ、ヤブツバキなどの常緑広葉樹が数多く生育する、自然度が最も高いランクに分類される鎮守の森である。

なお、境内社の追来《おうき》神社本殿（国重文）横には、雨乞伝説の残るイブキの老木がある。（長）

大宝神社の御神木・クスノキ（03.2.23）

136

美松山のウツクシマツ ……【マツ科】

所在地 甲賀郡甲西町平松　**所有者** 甲西町
樹高 13ｍ（最大）　**幹周** 280cm（最大）
樹齢 推定200～300年
区分 指定木（国天然記念物）、御神木

ウツクシマツの美しい樹形（03.8.23）

ウツクシマツは、三上・田《たな》上《かみ》・信楽県立自然公園の第二種特別地域に指定された甲西町南西部に位置する美松山《びしょう》（標高二二八ｍ）の南東の斜面一帯（約一・九ha）に群生している。アカマツの変種で、日本ではここだけに自生している。

ウツクシマツは古来、平松の松尾神社の御神木として大切にされてきた。江戸時代の『伊勢参宮名所図絵』や『東海道名所図絵』にも描かれ、道中の名所として有名になっていた。一九二一年（大正一〇）三月三日、国の天然記念物に指定されている。また、昭和天皇も一九八一

年（昭和五六）に行幸されている。

　主幹がなく、枝が一本の幹から地表近くで放射状に分かれ、傘を開いたようなとても珍しい樹形になる。昔の人は、その名も「うつくし松」と名づけた。およそ二〇〇本余あって、推定樹齢二〇〇〜三〇〇年の老木や、地上一mくらいのところから八幹に分かれている見事な株立ちの若木もある。木は扇形や傘形、箒《ほうき》形などに分類され、見れば見るほど美しく、不思議なマツである。

　独自の樹形になる理由は、滋賀県森林センターの約三〇年にわたる研究から、幹を一本だけ伸ばす機能が壊れた劣性の遺伝子によることが原因で、メンデルの優性の法則にしたがって遺伝することがわかってきた（「朝日新聞」二〇〇三・六・二一の記事による）。　（長）

ウツクシマツの群生地（03.8.23）

137 吉永のスギ（弘法杉）……【スギ科】

所在地　甲賀郡甲西町吉永　　所有者　河川敷（大沙川）
樹高　21m　　幹周　612cm
樹齢　推定750年以上
区分　指定木（町指定文化財）、お手植木、ご利益木

旧東海道を横切る大沙《おおすな》川（大砂川）の堤防上に「弘法杉」と呼ばれる大スギがみられる。大沙川隧道《ずいどう》のすぐ横にある階段を登った所で、スギの樹下には小さいが立派な祠《ほこら》があり、弘法大師（空海）が祀《まつ》られている。

言い伝えでは、食事をされた弘法さんがお忘れになった二本の箸《はし》を植えたところ、芽生えて大杉になったという（弘法大師が植えられたともいう）。その杉の近くに足の悪いおばあさんが住んでいて、「足が良くなるように」とお願いしながら暮らしていたところ、ある日、夢の中で「足を治すには弘法杉に祀られている弘法様にお参りし、お守りするとよい」というお告げがあり、死ぬまで弘法大師を信じてお参りしたという。また以前は、幼児が左手で箸を使う時、この杉の枝で箸を作り、これを使用させると自然に右手で食事をするようになると伝えられていた。（西久保）

大沙川堤防に生えるスギ（03.8.23）

138

高塚のムクノキ……【ニレ科】

所在地　甲賀郡水口町高塚　所有者　助八神社
樹　高　24m　幹　周　414cm
区　分　指定木（町名木）

旺盛な樹勢を保つムクノキ（03.8.23）

水口が東海道の宿場町として栄えた頃、現在の高塚は東町《ひがしまち》の一部であった。その東の端は円福寺《えんぷくじ》の門前に至り、野洲川に通ずる小道があった。その道は『水口宿栄枯伝馬難立訳略記』によると、一六〇五年（慶長一〇）までは東海道は野洲川の川原に出て、川伝いに新城《しんじょう》村方面へと通じていた。

ムクノキは昔からエノキとともに「神の依代《よりしろ》」の木として、道の分岐や集落の入口に植樹することが多いといわれている。この高塚のムクノキが生育している位置は、古い地形図では野洲川の土手と思われる所である。東海道が野洲川の川原に通じていた頃は、水口の宿に通ずる集落の入口に位置していたと思われる。神の依代の名残か、木の根もとには白蛇の祠《ほこら》がある。（長）

139

泉福寺のクスノキ ……【クスノキ科】

所在地 甲賀郡水口町泉　所有者 泉福寺
樹高 31m　幹周 487cm
樹齢 推定400年以上　区分 指定木（町名木）

甲西町三雲《みくも》から国道一号の横田橋を渡り、「泉《いずみ》西」交差点で右折して町道（旧東海道）を水口方面にまっすぐ行くと、やがて街道筋に泉福《せんぷく》寺と日吉神社がある。お寺の山門は見つけにくく、道筋から少し奥まったところにある。山門を入るとすぐにクスノキの巨木が目につく。その左にはやや小柄なカヤの木がある。

泉福寺は平安初期に最澄の開基と伝えられ、山号を宝珠山と号する天台宗の寺院である。七堂伽藍《がらん》を構えて興盛したが、天正（または元亀）年間（一五七三～九一）の兵火で焼失したとされる。本尊の木造地蔵菩薩像は兵火を免れ、一六〇五年（慶長一〇）の本堂再建時に安置され、一九〇八年（明治四一）に国の重要文化財に指定され、現在に至っている。

本堂右前にそびえるクスノキ（03.2.11）

クスノキはおそらく本堂再建時に植えられたものと思われ、樹齢は四〇〇年以上と推定される。クスノキの右側には泉福寺の守護神として平安中期に建立された日吉神社があり、その拝殿前には堂々としたケヤキの巨木（樹高二八m）もある。

（西久保）

140 泉福寺のカヤ ……【イチイ科】

所在地　甲賀郡水口町泉
樹高　18m
樹齢　推定400年以上
所有者　泉福寺
幹周　458cm
区分　指定木（町名木）

水口町泉《いずみ》の旧東海道筋には隣接して泉福《せんぷく》寺と日吉神社がある。お寺の山門をくぐるとまず巨大なクスノキが目につくが、その左側にカヤの巨木がある。樹高はクスノキに比べて一〇ｍ余低いが、幹周は約三〇cmしか違わない（ただし、正面から見た直径は五〇～六〇cm異なる）。カヤはクスノキより成長が遅いことから考えても植栽時期はほとんど変わらないと思われる。一六〇五年（慶長一〇）の本堂再建時にクスノキとともに植えられたとすれば、樹齢は四〇〇年以上と推定される。

カヤ本来の樹形から見て上部が著しく細くなっていることから、何らかの理由で樹高一〇ｍあたりで損傷がおこり、現在の姿になったと思われる。カヤは大きいものは樹高三〇ｍにもなるという。雌雄異株であるが、掃除された木の周辺を調べると幸い、昨年実らせた果実が見つかったことからこのカヤは雌株である。樹木医等による治療はされていないが、一応健康に育っている。（西久保）

本堂左前のカヤの巨木（02.11.30）

141

岩尾池畔のスギ（一本杉）

【スギ科】

所在地 甲賀郡甲南町杉谷　**所有者** 杉谷区
樹　高 15m　**幹　周** 453cm　**樹　齢** 伝承1000年
区　分 指定木（県自然記念物）、お手植木、歴史木、景観木

スギの巨木は日本全国、県内各地にもたくさんある。岩尾池畔のスギは樹高一五mとスギとしては小さい方だが、水辺にあることと独立樹で姿が美しいことが特色である。晴れた日はもちろん、霧が出て全体がよく見えない日でもまわりの風景にとけこみ、幻想的な雰囲気を醸し出している。

甲南町の県道草津伊賀線「矢川橋東」交差点を宮乃《みやの》温泉方面に向かい、甲南第二小学校をへて県道甲南阿山線を約五km程進んだところに岩尾池がある。岩尾池は北側を中心としてキャンプ場になっていて、きれいな景色の池である。池の南端付近に半島状に少し突き出た部分がある。そのまん中に一本のスギ、スギの両側に背の低いマツが生えている。スギは道路からも樹木を通して見えるが、一番よく見える所に説明板とちょっとした休憩所がある。

岩尾池は一八九八年（明治三一）、杉谷地区の灌漑のために造られた溜め池で、多くの水田をうるおしてきた。この岩尾池の南に岩尾山（標高三三五m）があるが、伝教大師が岩尾山に登り、下山した後岩尾池のほとりで食事をし、使った箸《はし》を地面に突きさしたところ、芽吹いて大杉になったという言い伝えがあり、杉谷の地名もこの大杉にちなんだものである。

また一説に、参詣の道標として伝教大師自らお手植えされた杉であるという。

（和田）

霧に包まれた岩尾池畔のスギ（03.2.11）

142

油日神社のコウヤマキ……【スギ科】

所在地　甲賀郡甲賀町油日　所有者　油日神社
樹高　35m　幹周　741cm
樹齢　推定750年
区分　指定木（県自然記念物）、御神木、防災木

本殿横にそびえるコウヤマキ（02.10.20）

油日《あぶらひ》神社は甲賀郡の中でもっとも規模が大きく有名な神社の一つで、油日大明神（油の神）を祀《まつ》っている。五月一日に行なわれる油日祭は国選択無形民俗文化財になっているほか、檜皮《ひわだ》葺《ぶき》の本殿、拝殿、楼門および廻廊は国の重要文化財に指定されている。また、滋賀県を代表する鎮守の森の一つで境内林は一一haと広く、スギやヒノキなどの巨木が多く生育している。

参道を進み、楼門から中に入ると正面に拝殿があり、その奥の本殿の左隣にコウヤマキの巨木がみられる。『甲賀郡志』によれば、神木・コウヤマキは御

神体を火災等から保護するために防火木として植えられたという。

本殿を取り囲む木塀の中にあるため、すぐそばまで行くことができないが、木塀の外から見ているだけでも十分圧倒される。幹はまっすぐに天へ向って伸び、葉は繁茂している。幹にはコケや地衣類などが着生しているほか、モチノキまで生えているから驚きだ。樹齢七五〇年といわれているが、樹勢の衰えはあまり感じさせない。高さは三五m、幹周は七四一㎝もあり、コウヤマキとしては滋賀県最大であり、日本でも有数の巨木である。幹は上方で二分枝しているので、二本の幹の合体木のようにもみえる。滋賀県自然記念物に指定されている「名木中の名木」である。なお、コウヤマキは信楽町玉桂寺《ぎょくけいじ》や飯道山《はんどう》など甲賀郡で多くみられる。

（和田）

合体木とも思われる幹（03.2.11）

143 櫟野寺のイヌマキ（伝教大師お手植槙）

……【マキ科】

所在地　甲賀郡甲賀町櫟野
樹高　8m
樹齢　伝承1200年以上
所有者　櫟野寺
幹周　245cm
区分　お手植木、霊木

油日《あぶらひ》神社から北に一kmほど行ったところに櫟野《らくや》寺がある。櫟野寺は木造十一面観音坐像、木造聖観音立像、木造薬師如来坐像など多くの重要文化財の仏像を有する寺院として有名である。山門を入ると、お寺には珍しく相撲の土俵がつくられている。その奥に鉄筋コンクリート造りの本堂があり、仏像がおさめられている。

イヌマキは庫裏《くり》のそばにある。住職さんや樹木医らにより十分に手入れされ、避雷針までつけられている。高さ八m、幹周二四五cmで、イヌマキとしては県下最大級である。樹齢は一二〇〇年以上、伝教大師（最澄）のお手植えと伝えられており、霊木とされている。境内にはタブノキの大きな切り株も残っている。

（和田）

伝教大師ゆかりのイヌマキ（03.2.11）

144

大福寺のシダレザクラ（徳本桜）

【バラ科】

所在地　甲賀郡甲賀町岩室
樹高　6m
樹齢　推定200年
所有者　大福寺
幹周　174、134cm（二又）
区分　記念木、景観木

枝を大きく広げたシダレザクラ（03.4.13）

岩室《いわむろ》は甲賀町北部に位置し、野洲川を境にして土山町と接している。集落の北側にある浄土宗大福《だいふく》寺の本堂前、墓地の横には、樹高は低いが、枝が直径一六mほどの広がりをもったシダレザクラがあり、甲賀地方では「知る人ぞ知る」桜の名木となっている。幹はほぼ根元から二又に分岐し、地衣類やコケ、ノキシノブなどが多く着生している。こぶ状になった部分があり、老木の域に入っているが健全度はほぼ良好である。枝には多くの添え木が施され、桜のシーズンには提灯がともされる。

この桜は、紀州（和歌山県）出身の徳本上人（行者）が一八〇六～一一年（文化二～七）に当地に立ち寄られ、信者によって「徳本講」が結成されたおり、記念として世話役が植えたものと伝えられている。信者たちは、上人をしのび、いつしか「徳本桜」と呼ぶようになったという。徳本上人は一八一八年（文政元年、終生念仏を唱えつつ、六一歳でこの世を去った。（大谷）

145 加茂神社のスダジイ ……［ブナ科］

所在地　甲賀郡土山町青土
所有者　加茂神社
樹高　13m
幹周　542cm
樹齢　推定500年
区分　御神木、防災木

国道一号「土山町役場」交差点で県道に入り、青土《おうづち》ダム方面に三kmほど行った所に加茂《かも》神社がある。御神木のスダジイは県下でも最大級で、本殿の前に少し傾いて立っていて、高さは一三mとそれほど高くないが、幹周は五四二cmもある。根元の部分が空洞になっているものの、葉は十分茂っており、健全度はほぼ良好である。根元の周りは大きな石で囲んであり、しっかりした木の支えが作ってあるなど十分すぎるほど手入れがなされている。ただ、幹の周りに注連《しめ》縄とともに鉄条網がまかれているのには驚いた。この木は雷除けの防災木としても信仰を集めているという。

本殿には大永六年銘の棟札がある。また、大永年間（一五二一～二八）に、飯塚安斉入道が山城国加茂より来てこの神社を創立したとき、スダジイを植えたという記録もあり、樹齢は五〇〇年と推定される。（和田）

苔生したスダジイの幹（03.2.11）

146 熊野神社のモミ……【マツ科】

所在地　甲賀郡土山町山中
樹高　24m
樹齢　推定200年以上
所有者　熊野神社
幹周　402cm
区分　巨木

国道一号の鈴鹿トンネルの手前に熊野神社がある。国道から細長い参道がはじまり、少し進んでいくと勧請《かんじょう》縄がはってある。勧請縄をくぐると、両側に燈籠があり、鳥居をくぐると広場に入る。石垣で組んだ一段高いところに本殿があり、その隣にひときわ目立つモミの巨木がある。

本殿前のモミの巨木（03.2.11）

モミの木は、比叡山など山岳部では多くみられるが、神社にはそれほど多くない。熊野神社のモミは一本の幹がまっすぐ伸びているが、頭頂部がやや欠けているのが残念である。幹全体にコケや地衣類などが着生しており、当地が雨が多いこととかなりの年輪を重ねていることを感じさせる。社伝によれば一八二四年（文政七）に現在の社地に移転したとされ、少なくとも樹齢二〇〇年以上は経過しているものと思われる。

地域によって神社の建造物の配置などは異なっているが、昔から樹木が大切にされてきた点では共通している。

（和田）

147

玉桂寺のコウヤマキ（弘法大師お手植高野槙）……【スギ科】

所在地　甲賀郡信楽町勅旨
樹高　31ｍ（左主幹）
樹齢　推定500年
所有者　玉桂寺
幹周　617㎝（左主幹）
区分　指定木（県天然記念物）、お手植木

石段左側主幹木のようす（03.2.11）

玉桂寺《ぎょくけい》は奈良時代に建てられた真言宗の寺院である。山門を入って石段の下から見上げると、両側に立派なコウヤマキの群生がみられる。このコウヤマキは一見、大小数十株を植え込んだように見えるが、もとは左右に一株ずつ植えられた親株から、下枝が地について根を生やして新株となり次々に繁殖したと考えられている（親株から実生によって円状に繁殖したとの考えもある）。

東（左）側親株は幹周約四ｍ、六幹に分岐し、その南隣に生育している第二代の株が最も高く、なお成長を続けている。この群の総数は四三株で、そのうち五株は枯木となっている。

西（右）側の親株も幹周約四m、六幹に分岐しているが、台風のため、うち五幹は先端が折れて枯死している。この群で最も高いのは、親株の北西に分株しているもので、高さ二一mに成長している。この群の総数は二二株で、そのうち一株は枯死している。台風で折れた木や枝が多く標示板の本数より減っている。

本体の木は下部には葉がなく、囲いの外に向かって葉が出ている。枝の枯損部分はすべて切り取られ、中心木は枝が少なくこんもりとした緑をつくっている。

寺伝によれば、それぞれの親株は弘法大師（空海）が当地巡錫《じゅんしゃく》の際、お手植えになったものであると伝えられている。

（吉村）

石段左側主幹木の外観（03.4.20）

148

天神神社のスギ

【スギ科】

所在地　甲賀郡信楽町勅旨
樹　高　33m
樹　齢　推定600年
所有者　天神神社
幹　周　639cm（竹囲上）
区　分　御神木

参道にそびえるスギの巨木（03.4.20）

天神神社は信楽高原鐵道の勅《ちょく》旨《し》駅の近くにある。奈良時代の七六一年（天平宝字五）、淳仁天皇がこの地に遷都され、翌年、勅願により社殿が建立された。南北朝時代（一三〇〇年代）に兵火によって社殿が焼失したが、一三三二年（正慶元）、再建された。信楽八郷の総社として祭事が行われ、一二月一日を祭日としている。

鳥居を通って参道を真っ直ぐ行くと左側に会館、右脇に一本の大杉がそびえ立っている。根元は一本であるが、高さ四～五mのところで二本に分岐している。木の周りは竹の柵で囲われ、幹には竹囲いが組まれてその上に注連《しめ》縄が巻かれ、分岐した二本の幹には離れないようにロープが巻かれているなど、御神木として大切にされている。木の状態もほぼ良好である。

このスギは、社殿が焼失した以降に植栽された境内林の一本であるとされている。（吉村）

149

清光寺のカヤ……………【イチイ科】

所在地　甲賀郡信楽町小川

区分　巨木

所有者　清光寺
樹高　21m
幹周　352cm

　信楽が紫香楽宮《しがらきのみや》以降、歴史に登場するのは、言うまでもなく信楽焼としての陶業地の成立である。陶業が山間の地に発達した理由は原料の陶土や燃料にめぐまれ、京都に近く、中世茶の湯の流行という条件によっている。なお、町域には南部の小原《こはら》、多羅尾《たらお》地区のように農業地域を混在している。

　小原地区・小川集落の浄土宗清光《せいこう》寺境内、鐘楼《しょうろう》の横にはカヤの巨木がみられる。県下のカヤの中で幹周としては第二位であるが、今までに記録がなく、今回が新たな記載となる。枝の枯損や剪定《せんてい》の跡がみられるが、健全度はほぼ良好である。樹幹にはナンテン、ノキシノブ、地衣類、コケ類などが部分的ではあるがかなり着生しており、古木を思わせる。清光寺は、文献によると享保年間（一七一六～三五）に火災に遭い焼失しているが、のちに再建された寺院である。（蓮沼）

鐘楼横に佇むカヤの巨木（03.6.21）

150 畑のシダレザクラ（深堂の郷の都しだれ）……【バラ科】

所在地　甲賀郡信楽町畑
樹高　10m
樹齢　推定400年以上
所有者　畑区
幹周　241㎝、195㎝（二分枝）
区分　指定木（町天然記念物）、歴史木

信楽町は七四二年（天平一四）、聖武天皇が造営された紫《し》香楽宮《がらきのみや》を起源とし、徳川時代には幕府の代官所が置かれるなど歴史的にも由緒ある町で、戦後はタヌキで代表される「陶器の里」としても有名である。信楽の語源は、昔から山深く木々が繁っていたことから「しげる木」から、また、山に囲まれた土地を意味する朝鮮語の「シダラ」という言葉が陶器の技術とともに渡来したことから、などの説がある。

平家の落人が開いた里といわれる信楽町の山間の地、畑《はた》地区の茶畑の中の小高い場所に孤高な桜の木があり、多くの枝を垂らしている。幹は根元付近で二本に分かれている。このシダレザクラは、平安後期の平家滅亡の折、都落ちの際に都をしのぶためにと桜を持ち帰って植えたものと伝えられている。また、この場所は江戸時代初期に建てられた西光寺跡地であることから、樹齢四百年を超えるといわれている。

町の天然記念物に指定され、草地の中の管理も十分になされている。まわりは公園として整備され、桜の時期（四月中旬頃）には大勢の花見客で、下の道路は車を停める場所もないほどである。喧騒を避け、時期を外した頃に訪れるのも、桜との直接の語らいで心落ち着く時間を過ごせるものである。

（木村）

「都しだれ」と愛称されるシダレザクラ（03.4.17）

高台に佇む孤高のサクラ（03.4.17）

151 浄顕寺のボダイジュ（法然上人お手植菩提樹）……【シナノキ科】

所在地 甲賀郡信楽町多羅尾　**所有者** 浄顕寺
樹高 13m　**幹周** 256cm
区分 指定木（町天然記念物）、お手植木

法然上人ゆかりのボダイジュ（03.6.21）

浄顕《じょうけん》寺は信楽町の最南端・多《た》羅《ら》尾《お》地区にある浄土宗のお寺で、法然上人が結んだ一草庵に江戸時代になって多羅尾光太が亡き妻のために一六二二年（元和八）、堂宇を建立した。

その浄顕寺には、法然上人が植えたと伝えられるボダイジュの木がある。幹周二五六cm、高さが一三mというボダイジュとしては巨木で、寺の山門の横になにげなく悠然とそびえている。

六月頃には葉のつけ根から花序を出し、淡い黄色の花を咲かせ、落葉の時期までそれぞれの味わいを楽しめる。釈迦が悟りを開いたというボダイジュはクワ科のインドボダイジュで、この木とは違うことは言うまでもない。

なお、境内には樹高一三m、幹周三一二cmのカヤ（イチイ科）の巨木もある。

（木村）

第5章　滋賀県の名木・並木概説

1. 名木と並木の区分

(1) 名木のカテゴリー区分

①巨木の定義

ひときわ高い木や幹周りが太い木を巨樹や巨木、大樹、大木などと呼んでいるが、本書では環境庁（当時）が一九八八年度（昭和六三）に「第四回自然環境保全基礎調査（緑の国勢調査）」の一環として全国の巨樹・巨木林の現況調査を実施するにあたって定めた基準にしたがって、次のように定義し、基本的に「巨木」という呼称で統一した。

> ・地上から約一三〇cmの位置での幹周が三〇〇cm以上の樹木。なお、地上から約一三〇cmの位置において幹が複数に分かれている場合には、個々の幹の幹周の合計が三〇〇cm以上で、そのうち、主幹の幹周が二〇〇cm以上の樹木。

②名木の選定

名木の選定にあたっては、大正二年に発行された『近江名木誌』（一九二七）をはじめ、『滋賀の名木誌』（一九八七）、『湖国百選・木』（一九九一）、『巨樹・巨木林調査報告書　近畿版』（一九九一）、『大津の名木』（一九九一）など、これまで滋賀県内で報告されている名木・巨木に関する基礎資料をもとに、新たな情報を加え、二〇〇二年（平成一四）五月から二〇〇三年（平成一五）七月にかけて現地調査を行なった。

そして、巨木を基本としながら、幹周三〇〇cm以下であっても樹種として大きくなるのが珍しい木や植物学的に貴重な木、歴史的に由緒ある古木、形態（樹姿、樹形など）が優れている木、人々に親しまれ守られている木など、次のような名木のカテゴリー区分にしたがって該当する樹木を選定した。

- 指定木：国や県の天然記念物、県の自然記念物、市町村の天然記念物や保護樹木などに指定されている木。
- お手植え木：歴史的に著名な人物によってお手植えされたと伝えられている木。
- 歴史木：伝説や歴史のエピソードに登場するなど、歴史的に由緒ある木。
- 御神木：神社などの神木として、注連縄《しめ》などが張られて祀られている木。
- 豊饒木：野神、山の神として祀《まつ》られている木。
- 守護木：村や家などの護り神となっている木。
- 霊　木：枝を折ったり傷つけたりすると災いをもたらすと畏れられている木。
- ご利益木：歯痛や病の治癒《ちゆ》、夫婦の和合や安産などにご利益があるとされる木。
- 防災木：火災や洪水などの災害を防ぐと崇められている木。

・記念木：寺院の創建などを記念して植えられた木。
・墓標木：墳墓を示すために植えられた木。
・境界木：領地や神域などの境界を示す木。
・目標木：陸上、海上（湖上）交通の目標とされた木。
・象徴木：県や市町村、ある地域などのシンボルとされる木。
・後継木：初代名木枯損後の二代目、三代目などとされる木。
・奇　木：樹の姿・形が変わっている木や種類が珍しい木。
・景観木：樹の姿・形や景観が美しい木。
・巨　木：上記のカテゴリーには該当しないが、巨木として植物学的に特筆される木。なお、定義した巨木のサイズ以下であっても、大きくなるのが珍しい樹種で巨木に匹敵するものも巨木または大木として扱った。

（大谷）

(2)　並木のカテゴリー区分

街路樹と並木は混同されているが、街路樹は並木の一種であり、市街地の公道や車道、歩道などに列植されているものを街路樹または市街並木と呼んでいる。街路樹は古くは並樹、街道樹、行道樹、擁道樹、街道並木などといわれ、明治になって道路樹木の名で呼ばれていたが、一九三二年（昭和七）一〇月の「東京市訓令」によって街路樹に改められたといわれる。

一方、並木は樹木（高木〜低木）が道路、堤防、水路、軌道などに沿って列状に長く植えられているものをいう。植え方は一列、二列から十数列まである。二列、四列など偶数に列植することが多いが、道路の左右が対称的でなかったり、あるいは路面上の交通線を不対称に構成する場合には奇数列の並木道となる場合が多い。

道路に沿って植えられる並木（道路並木）は、その場所によって市街並木（街路樹）、地方並木（郊外並木）、参道並木などに区別される。また、道路を離れれば、水辺並木、堤防並木などに区別される。なお、高速道路など自動車専用道路に植栽されている並木もあるが、これらは道路緑化樹と呼ばれている。

次に主な並木のカテゴリー区分とその特徴について、『街路樹』（技報堂出版）をもとに簡単に説明しよう。

①**道路並木**

・市街並木：市街地の車道の歩道（植樹帯、植樹桝など）や中央分離帯などに植えられたもの。交通量が多く、電線や建物が過密なことによる制約が大きい。

・地方並木：地方の国道、県道などの公道の左右に植えられたもの。一般に開放空間が多く、地上、地下部ともに制約が少ない。

・参道並木：神社、寺院、教会、廟堂内の参道沿いに植えられたもの。自動車の影響が少なく、緩やかな制約のもとで十分な保護管理が期待できる。

・構内並木：学校、公民館、役所、病院、駅、工場など人が集まる大きな施設の構内に植えられたもの。参道並木に似た緩い制約を受けている場合が多い。

・公園並木：都市公園、運動公園、児童公園など公園およびこれに準ずる園内に植えられたもの。参道並木に似た緩い制約を受けている場合が多い。

②**堤防並木**：河川堤防の土手などに列植されたもの。地上、地下部ともに制約が緩い。特に地上部の開放空間が大きい。

③**水辺並木**：河川、水路、湖畔、池沼畔などに列植されたもの。水面を開放空間とし、湿潤地が多い。

④**そ の 他**：田畑で列植された畦畔木など。

（中村）

2. 街路樹・並木の機能と効用

道沿いに樹木を植えることは、奈良時代以前のかなり古くから行なわれてきた。七五九年（天平宝字三）の太政官符では、旅人に蔭を与え、飢えを助けるために畿内諸国の駅路辺に果樹を植えることが布告された。また、五街道や脇街道などの道路網が整備された江戸時代には、各街道に軍事的な意味合いからマツ、スギなどが植えられた。さらに、東海道や中山道などには一里塚が設けられ、エノキなどが植えられた。

こうして古来、街道に植えられた並木は、旅人に緑蔭を提供してやすらぎを与え、灼熱の太陽や強風から旅人を守るとともに、秋には熟れた果物が旅人の空腹をいやしてくれた。また、旅人にとってそれは「道標」としての役割をも担っていた。

今日では、街路樹・並木は都市における自然景観の主要な構成要素となっているほか、緑蔭の提供や都市気候の緩和、防火・防塵・防風・防音など都市防災機能、そして、そうした複合的な機能から醸成されるやすらぎ感（精神衛生機能）など、さまざまな機能・効用が期待されている。

緑蔭を提供するびわこ文化公園の並木（02.11.3）

さらに、近年は地球規模の環境保全に関して、光合成による「二酸化炭素（CO_2）削減」や蒸散による「空気の冷却効果」など、地球温暖化防止や省エネルギーという新たな視点から街路樹・並木が果たすべき役割はますます大きくなっている。

では次に街路樹・並木の主な機能と効用について、①景観形成、②緑蔭形成、③生活環境保全、④防災・避難という四つの観点から説明しよう。

①景観形成機能

街路樹の機能の中で重要なものは、景観形成機能であり、修景機能でもある。さらに細かくいえば、町並みを装飾・修景する機能、景観的に好ましくないものを遮へいする機能、周辺の緑の景観と調和させる機能などがある。

②緑蔭形成機能

太陽の照りつける夏季には樹木の枝葉が直射日光を遮《さえぎ》ることによって、歩行者に快適な歩行環境を提供してきた。これが緑蔭形成機能である。近年、都市だけでなく地方の農道に至るまでほとんどの道路がアスファルトやコンクリートで舗装され、雨水が地下に浸透する量が減少した結果、根が地中の水分を吸い上げて葉の蒸散作用で気温を下げる機能が、公園などの樹木に比べて衰退している。

特に夏季には太陽に熱せられたアスファルト道路からの輻射熱で気温が急上昇し、緑蔭の少ない道路を炎天下で歩行するのは苦痛である。幼児などをつれている場合は、ときどき水分を補給するなど熱中症に対する配慮も必要となる。

また、道路を管理する市町村によっては街路樹の過度な剪定《せんてい》によって緑蔭がなくなり、路面の照り返しとビルや家庭の空調機から放出される廃熱などによって、気温が上昇してヒートアイランドということばの通り、都市の夏は暑くて耐え難い事態になっている。

③生活環境保全機能

街路樹は緑蔭形成のほかに、大気汚染や交通騒音の低減などにも役立っている。大気汚染に対しては、植物の呼吸作用によるNO_xやSO_xの吸収と葉による粉塵の捕捉がある。また、遮音や吸音に役立つとともに、防風も生活環境保全機能の一つである。

道路の交通環境保全機能としては、歩道や分離帯に植えられた街路樹による歩行者と自動車等の分離、自動車のヘッドライトによる眩光《げんこう》の防止などがある。また、分離帯は対向車線への飛び込みに対してクッション的な緩衝機能もある。

歴史的な名木を保全した市街並木（02.11.3）

④防災・避難機能

防災機能としては、山からの吹き下ろしや湖岸付近で強風が吹くところでは、街路樹に防風機能が求められる。また、地域によっては冬季に積雪や吹雪が発生するが、そのようなところでは街路樹に防雪機能が求められるとともに、積雪時の道幅を知らせる道標の役割も果たしている。

火災発生の際には、延焼防止機能も街路樹の求められる機能の一つである。一九九五年（平成七）の阪神・淡路大震災の火災発生時に神戸市長田の大国公園におけるクスノキが延焼を防いだように、防火機能を発揮させるためには、その機能に適した街路樹の樹種と樹彩を選択する必要がある。大きく成長した街路樹は、震災や台風時には家屋の倒壊を防ぎ、道路が寸断されるという二次災害を未然に防いでいる。

また、避難する人々が安全に指定された避難場所に行き着けるように、歩行空間の確保や避難方向の誘導が必要であるが、火災の猛煙の中で道路の方向を示すにも街路樹・並木のはたらきが大きい。

以上のように街路樹の機能と効用は多岐に及ぶが、とりわけ①都市景観と美化、②緑蔭の提供と都市気候の緩和、③災害時の防災機能、④降雪時や霧の時の誘導効果、⑤防塵や大気汚染物質の吸着効果などが重要である。そして、一番大きな効用は、緑（緑はすべての色の中で最も静かで落ち着いた色）によって精神的な安らぎを与えることではないだろうか。

（阪口／大谷）

3. 滋賀県の名木・並木の特徴

(1) 滋賀県の名木・巨木

①調査研究の歴史

近代以降、滋賀県内で最初に名木・巨木について総合的な調査が行なわれ、報告書『近江名木誌』が発行されたのは一九一三年（大正二）である。以後の名木・巨木の調査研究は、基本的にこの『近江名木誌』を手がかりとしている。

報告書は名木の部と大樹の部に分かれ、名木の部には「口碑《こうひ》伝説あるもの」や「普通世に稀なるもの」（一七五件）、大樹の郡には「胸高周囲十尺（約三〇三cm）以上のもの」（一五三〇件）を選んで記載している。本書を発刊した趣旨として「斯《か》かる名木大樹が世の記憶に遠ざかり、または全く閑却《かんきゃく》せられ、敢えて顧みるものなきに至るをおそれ、これを広く世に紹介して一般の注意を喚起し、愛樹の念を深らしめ、一面には教育資料に供せんとするにあり」と記されている。

その後、一九二四年（大正一三）には『滋賀縣天然記念物調査報告　第一冊』、一九三五年（昭和一〇）には『滋賀縣天然記念物調査報告　第二冊』が出され、地質鉱物、動物、植物群落〈自生地〉ともに、ウツクシマツやハナノキ、ヒダリマキガヤ、オハツキイチョウ、コウヤマキ、フダンザクラなど天然記念物指定候補となる名木について詳細な調査結果が報告されている。また、一九三四年（昭和九）にはそれらの概要版として『滋賀縣史蹟名勝天然記念物概要』が出版されている。

戦後は一九六〇年代以降、いくつかの市町村で自然誌や市町村史発刊に伴う自然環境調査の一環として名木・巨木（大径木）の調査が実施され、文化財としての天然記念物、環境保全の視点からの保護樹木や保存樹などの指定が行なわれてきた（大津市、彦根市、長浜市、八日市市、守山市、水口町など）。

一九八〇年代になると、各地で大規模開発に伴う森林破壊や大気汚染による森林被害などの問題が顕在化し、地球的な観点で緑の問題を考える必要性が生じてきた。そして、緑に対する人々の関心が高まりつつある中で、一九八五年（昭和六〇）から二か年にわたって、先の『近江名木誌』に紹介された一七〇五件の樹木と各市町村から名木として推薦のあった二七五件の樹木を調査対象として、生育追跡・確認調査が実施された。その結果、一五一七件の生育が確認され、滋賀県緑化推進会によって『滋賀の名木誌』（一九八七）としてまとめられた。そのうち名木として二三一件が選定され、樹高、幹周などのデータのほか、由緒等が記載されている。また、ページの前半はカラー写真による名木の写真集となっている。

一方、一九八八年（昭和六三）には、環境庁（当時）の第四回自然環境保全基礎調査（緑の国勢調査）の一環として、全国の巨樹・巨木林の現況調査が実施された。滋賀県においても調査が行なわれ、一九九一年（平成三）に発行された『巨樹・巨木林調査報告書　近畿版』の中で結果が報告されている。

こうした潮流の中で、毎日新聞滋賀版で一九八八年（昭和六三）二月から翌年一一月にかけて「近江の木」シリーズ（七三回）が掲載された。また、一九九一年（平成三）には滋賀県企画課から『湖国百選　木』（滋賀総合研究所編）が発行された。この本ではテーマを「木、並木、森」とし、県内各市町村からの推薦をもとに単に古木や巨木というだけでなく、人々とのかかわりにおいて秀でているものを一〇〇件選び、データや由緒等を掲載している。

さらに、第一九回全国育樹祭記念誌として一九九五年（平成七）に発行された『ふるさと滋賀の森林』（滋賀自然環境研究会編、その後サンライズ出版より『滋賀の植生と植物』として再録）の中で「滋賀県の巨樹・名木」が紹介されている。

②滋賀県の巨木

『巨樹・巨木林調査報告書　近畿版』（一九九一）によれば、調査対象になった一三五四本の巨木のうち、多い樹種はスギ（六六一本、四八・八％）とケヤキ（二九一本、二一・五％）で、この二種で全体の七〇％以上を占めている。スギは全県的に万遍なくみられるが、ケヤキは湖東～湖北地方にかけて多い。次に一・〇％以上出現した樹種一一種の本数と割合を示す（表1）。

表1　滋賀県の巨木の樹種と本数（1991）

樹種	本数	割合（%）	樹種	本数	割合（%）
スギ	661	48.8	ヒノキ	22	1.6
ケヤキ	291	21.5	エノキ	20	1.5
シイ	78	5.8	モミ	17	1.3
イチョウ	62	4.6	クロマツ	17	1.3
タブノキ	54	4.0	ムクノキ	14	1.0
クスノキ	38	2.8	その他（31種）	80	6.1

③滋賀県の名木

本書では巨木を基本に、一八の名木カテゴリー区分にしたがって該当する樹木を選定した。カテゴリーが重複している樹木が多いが、御神木や指定木（国、県、市町村など）、歴史木などが大半を占めている。樹種ではスギ（一二件）が最も多く、ケヤキ（八）、イチョウ（八）、タブノキ（七）、エドヒガン・シダレザクラ（七）、クスノキ（六）、カツラ（五）、ウメ（五）、フジ（五）などの順となっている。

次に、御神木や指定木、単に巨木を除く各カテゴリーの名木について、それぞれ主なものをあげてみよう。

［お手植え木］願慶《がんぎょう》寺のウメ（木曽義隆）、菅山《かんざん》寺のケヤキ（菅原道真）、清滝寺のシダレザクラ（京極道誉）、慈眼《じがん》寺のスギ（行基菩薩）、花沢のハナノキ（聖徳太子）、宝満寺のウメ（親鸞聖人）、少林寺のギンモクセイ（一休禅師）、大沙《おおすな》川堤防のスギ（弘法大師）、岩尾池畔のスギ（伝教大師）、櫟野《らくや》寺のイヌマキ（伝教大師）、玉桂《ぎょくけい》寺のコウヤマキ（弘法大師）、浄顕《じょうけん》寺のボダイジュ（法然上人）

［歴史木］和田神社のイチョウ（石田三成）、薬《やく》樹《じゅ》院のシダレザクラ（豊臣秀吉）、上古賀《かみこが》のスギ（弘法大師）、白谷のヤブツバキ（安寿姫と厨子

歴史木・『桜守』に登場する清水の桜（03.4.13）

王伝説）、海津のエドヒガン（小説『桜守』）、應《おう》昌《しょう》寺のウラジロガシ（織田信長）、余呉湖畔のアカメヤナギ（天女伝説）、椿坂のカツラ（桂照《けいしょう》院跡）、高尾寺跡のスギ（伝教大師）、八幡神社のスギ（豊臣秀吉）、彦根城のいろは松（井伊直孝）、清凉寺のタブノキ（木娘伝説）、在士（八幡神社）のフジ（藤堂家）、甲津畑《こうづはた》のクロマツ（織田信長）、千種《ちぐさ》街道のイヌシデ（蓮如上人）、畑のシダレザクラ（平家落人伝説）

［豊饒木］上丹生《かみにう》のケヤキ、黒田のアカガシ、一ノ宮のシラカシ、八幡神社のケヤキ、唐川のスギ、杉沢のケヤキ（以上野神）、小八木のムクノキ（山の神）

［守護木］清滝のイブキ、井戸神社のカツラ

［霊木］藤地蔵尊のフジ

［ご利益木］川島墓地のタブノキ（歯痛）、白谷のヤブツバキ（子宝）、観地神社のサイカチ（病

ご利益木・力丸のサイカチ（03.3.23）

豊饒木（野大神）・柏原のケヤキ（02.11.16）

気やケガ）、諏訪神社のイチョウ（授乳）、池寺のヒイラギ（歯痛）、小八木のムクノキ（子宝）、加茂神社のサカキ（縁結び）、愛の神のカゴノキ（夜泣子供の病）、小汐井《おしおい》神社のクロガネモチとムクノキ（縁結び）

[防災木] 石道《しゃくどう》寺のイチョウ（防火）、慈眼寺のスギ（雷除け）、油日神社のコウヤマキ（防火）、加茂神社のスダジイ（雷除け）

[記念木] 永正《えいしょう》寺のイヌマキ（寺院創建）、大處《おおところ》神社のカツラ（神輿）、長光寺のハナノキ（寺院建立）、正法《しょうぼう》寺のフジ（寺院建立）、三大神社のフジ（藤原氏隆盛）、大福寺のシダレザクラ（徳本講）

[墓標木] 犬塚のケヤキ（蓮如上人の犬）、川島墓地のタブノキ（宮中の女性）、轡《くつわ》の森のイヌザクラ（豊臣秀吉の馬）、蓮華《れんげ》寺のスギ（一向上人）

[境界木] 杉沢のケヤキ

[目標木] 和田神社のイチョウ、石坐《いわい》神社のエノキ、海津のケヤキ（以上湖上航行）、上古賀のスギ、田中のエノキ、東門院のオハツキイチョウ、今宿のエノキ（以上陸上道標）

[象徴木] 木ノ本駅前のシダレヤナギ、愛東南小学校のクスノキ、旧平田小学校のアメリカスズカケノキ

防災木･石道寺の火伏せのイチョウ（03.5.1）

［奇木］瓜生《うりう》のカヤ、西音寺《さいおん》のヤツブサウメ、了徳寺のオハツキイチョウ、清凉寺のタブノキ、賀茂神社のサカキ、熊野のヒダリマキガヤ、東門院のオハツキイチョウ、美松山《びしょう》のウツクシマツ
［景観木］薬樹院のシダレザクラ、林家庭園のサルスベリ、天川命《あまがわのみこと》神社のイチョウ、金剛輪寺のアカマツ

（大谷）

(2) 滋賀県の街路樹・並木

①近江は「道の国」

滋賀県は古くは「近江の国」といわれたが、これは都に近い淡水の「近つ淡海の国」という意味で、大和や京の都の玄関口として、歴史上重要な位置を占めてきた。都から東国や北国に向かうにも、逆にそれらの国から都や西国へ向かうにも近江の国を通らなければならない。近江の国には東海道、中山道、北国街道、西近江路の四官路をはじめ、若狭街道、北国脇往還、八風街道、御代参街道、杣街道、朝鮮人街道などの主要街道が通っていた。

そして、その状況は現在も同じで、日本の大動脈・国道一号や名神高速道路をはじめ、北陸自動車道、国道八号、国道一六一号など多くの主要な道路が県内を通過している。滋賀県は昔も今も「道の国」なのである。

一方、滋賀県は四方を山地で囲まれ、琵琶湖を中心に山川草木の豊かな自然環境に恵まれた土地である。かつて、県内各地には田圃と山林が広がり、人々の生活圏の近くにも緑があふれていた。しかし、日本の高度経済成長時代を迎え、東海道新幹線や名神高速道路が開通した一九六〇年代後半以降、積極的な工場誘致が行なわれ、京阪神のベッドタウンとして大規模住宅地の開発が行なわれた。また、各地で駅前など市街地の再開発や湖岸等の埋め立てによる都市計画事業が行なわれた。それにともなってアクセス道路の整備も進められた。

その結果、旧街道の歴史ある並木は道路の拡張などに伴って姿を消していった。また、人々の生活圏における緑の総量は激減し、街路樹・並木による都市緑化が急務の課題となった。こうして新規道路建設の際には各地で街路樹が植えられるようになった。その象徴的な並木は、一九六七年（昭和四二）、大津市が湖岸道路の完成を記念して市民から寄付を募って植えたラクウショウやフウなどの並木である。その後、大津市や草津市、彦根市など都市部を中心に街路樹・並木が植えられていった。

②街路樹の樹種

一八七二年（明治五）、横浜の商店街（海岸通元浜町〜本町通）にスギやヤナギの並木通ができ、これが日本における近代的な街路樹・並木の始まりといわれている。

一九〇七年（明治四〇）、林学博士・白沢保実らによって街路樹選定がなされた。スズカケノキ、イチョウ、ユリノキ、アオギリ、トチノキ、トウカエデ、シンジュ、ミズキ、トネリコ、アカメガシワの一〇種で、これらが現在私たちがみる街路樹の樹種選定の基本となっている。この一〇種のうち、最初に植えられたのはイチョウで、その後ニセアカシア、シダレヤナギ、ソメイヨシノが追加された。

街路樹の樹種選定がなされた明治時代末期から一〇〇年近い歳月が過ぎた二〇〇〇年（平成一二）、三か年計画で滋賀県下五〇市町村の街路樹・並木の実態調査を行なった。その結果、中～高単木の市街・地方並木は一二四種（七三、五七〇本）、その他の並木（参道・構内・公園並木、堤防・水辺並木など）は九二種（二六、二四〇本）が記録された。

明治の頃と比較すれば、花の美しいもの、実の美しいもの、新緑や紅葉が美しいものなど樹種選定が多様化してきている。これは何も滋賀県に限ったことでなく全国的な傾向でもある。

③市街・地方並木

表2は、市街・地方並木の全県および各地域の中～高木単木の樹種上位二〇種を示したものである。

サクラ類とクスノキがともに一万本を越えており、この二種で全体の三三％を占めている。ついでケヤキ、サザンカ（カンツバキ）、イチョウ、トウカエデ、日本産カエデ類、コノテガ

市街並木·仰木の里のナンキンハゼ並木（02.9.23）

表2　市街・地方並木の植栽樹種の上位20種（全県および地域別）

順	滋賀県全域	大　津	湖　西	湖　南	甲　賀	東近江	湖　東	湖　北
1	サクラ類	サクラ類	サクラ類	クスノキ	サクラ類	サクラ類	サザンカ(カンツバキ)	サクラ類
2	クスノキ	ケヤキ	マツ類	クロガネモチ	ケヤキ	クスノキ	サクラ類	コノテガシワ
3	ケヤキ	クスノキ	メタセコイア	サクラ類	シラカシ	日本産カエデ類	ケヤキ	クスノキ
4	サザンカ(カンツバキ)	モミジバフウ	イチョウ	イチョウ	イチョウ	ケヤキ	クスノキ	トウカエデ
5	イチョウ	トウカエデ	モミジバフウ	サザンカ(カンツバキ)	プラタナス類	シラカシ	アラカシ	サルスベリ
6	トウカエデ	イブキ	ケヤキ	ケヤキ	イブキ	イヌマキ	マツ類	ケヤキ
7	日本産カエデ類	イチョウ	シラカシ	コノテガシワ	クスノキ	クロガネモチ	日本産カエデ類	イブキ
8	コノテガシワ	ナンキンハゼ	サザンカ(カンツバキ)	トウカエデ	コブシ	アキニレ	モミジバフウ	日本産カエデ類
9	シラカシ	プラタナス類	トチノキ	ハナミズキ	マツ類	プラタナス類	ナンキンハゼ	イチョウ
10	モミジバフウ	サザンカ(カンツバキ)	サルスベリ	シラカシ	ハナミズキ	コノテガシワ	クロガネモチ	ハナミズキ
11	クロガネモチ	日本産カエデ類	イブキ	シャリンバイ	日本産カエデ類	トウカエデ	ウバメガシ	リンゴ
12	マツ類	シラカシ	マサキ	プラタナス類	サザンカ(カンツバキ)	ユリノキ	ハナミズキ	マテバシイ
13	イブキ	ハナミズキ	クスノキ	ヤマモモ	外来ポプラ類	コブシ	トウカエデ	コブシ
14	ハナミズキ	ユリノキ	ユリノキ	外来ポプラ類	タブノキ	ハナミズキ	イチョウ	サザンカ(カンツバキ)
15	プラタナス類	フウ	クロガネモチ	タマイブキ	トウカエデ	モミジバフウ	マテバシイ	ムクゲ
16	メタセコイア	トウネズミモチ	ハナミズキ	フウ	モッコク	イチョウ	イブキ	ナナカマド
17	ナンキンハゼ	メタセコイア	トウカエデ	キンモクセイ	ヤマモモ	マツ類	ハナノキ	ハイビャクシン
18	アラカシ	セイヨウトチノキ	プラタナス類	シダレヤナギ		マテバシイ	モクレン	シラカシ
19	サルスベリ	アラカシ	フジ	メタセコイア		ハナズオウ	トチノキ	ヒトツバタゴ
20	ユリノキ	ネズミモチ	マテバシイ	アラカシ		キンモクセイ	プラタナス類	マツ類

シワ、シラカシ、モミジバフウ、クロガネモチ、マツ類、イブキ（カイヅカイブキ）、ハナミズキ、プラタナス類、メタセコイア、ナンキンハゼ、アラカシがいずれも一千本以上記録されている。

ちなみに建設省（当時）による全国の統計（一九九七）ではイチョウ、サクラ類、ケヤキ、トウカエデ、クスノキがベスト五となっている。全国的な傾向と大きなちがいはないが、滋賀県では①イチョウが意外に少なく、クスノキが多い、②サザンカが多い（全国集計ではすべて中低木扱い）などの特徴がある。

地域別にみると、湖南と湖東地域を除いては、いずれもサクラ類（ソメイヨシノなど）が一位を占めている。

大津・志賀地域ではモミジバフウ、トウカエデ、ナンキンハゼ、プラタナスなど外来の落葉広葉樹が多いのが特徴で、大規模な住宅団地内の道路などで植えられている。

湖西地域ではマツ類（今津浜～知内《ちない》浜）やメタセコイア（マキノ町、今津町）、トチノキ（新旭町）などが多いのが特徴で、各町にそれぞれ特色ある並木がみられる。なかでも、マキノ高原のメタセコイア並木は県内屈指で全国的にも有名である。また、安曇川町のフジ棚の並木はたいへん珍しい。

地方並木・大浦街道のサルスベリ並木（01.7.23）

湖北地域では湖岸道路（さざなみ街道）にコノテガシワが多く記録されているほか、サルスベリ、イブキ（カイヅカイブキ）、ハナミズキなどが多いのが特徴である。リンゴ（浅井町、高月町）、ナナカマド（余呉町）、ヒトツバタゴ（長浜市）など地方の発案者の思いが伝わってくるような特色ある並木もみられる。

湖東地域でサザンカ（カンツバキ）が最も多いのは、湖東町の道路（農道も含む）の大半にサザンカが植えられていることによる。周囲は田圃なので樹高が低いにもかかわらず、よく目立っている。アラカシ、マツ類（彦根市）、クロガネモチ（愛東町）、ウバメガシ（秦荘町）、ハナノキ（多賀町）など各市町で工夫をこらした特色ある並木がみられる。

東近江地域では永源寺町を中心に日本産カエデ類が多い。これは古くから永源禅寺が「もみじの名所」として知られていることと、「町の木」としてモミジが選定されていることによるものだろう。また、プラタナス類（能登川町）、アキニレ（日野町）、ユリノキ（近江八幡市）、モミジバフウ（八日市市）、コブシ（五個荘町）など各市町で特色ある並木もみられる。

湖南地域では守山市、草津市でクスノキが最も多くみられる。とりわけ守山市では「くすのき通り」など、やがてクスノキに統一されるのではないかと思われるほど増えている。その他、クロガネモチ、サザンカ、シラカシ、ヤマモモなどの常緑広葉樹が上位につけているのが特徴である。

甲賀地域では甲西町、水口町を除いては市街・地方並木は少なく大きな特徴はみられないが、コブシ（水口町）が特筆される。

④その他の並木

その他の並木には参道並木、構内並木、公園並木、堤防並木、水辺並木などを含んでいるが、市街・地方並木との明確な区分が難しいところもあり、参考程度にとどめておきたい。

ここでも最も多いのはサクラ類で、五六％と半数以上を占めている。サクラ類は各地の河川堤防や水路、参道などに多く植えられている。これに次いでマツ類、イブキ（カイヅカイブキ）、日本産カエデ類、ヒマラヤスギ、カキノキ、サザンカ、シダレヤナギ、クスノキ、ケヤキ、イチョウ、ハナミズキ、キンモクセイなどが多い。マツ類は参道や湖岸などに多く、イブキやヒマラヤスギは工場などの構内で多くみられる。また、シダレヤナギは整備された湖岸や池沼、河川などの畔に植えられているが、県内ではあまり多くない。

次に、その他の並木で特筆すべきものをいくつか紹介しよう。

［参道並木］兵主《ひょうず》神社、水口神社、竜王町観音寺、渡岸寺《どうがん》（以上マツ類）、太郎坊宮（サクラ類、日本産カエデ類）、甲南町新宮《しんぐう》神社、浅井町天津《あまつ》神社（以上サクラ類）

［構内並木］ブリヂストン（ケヤキ）、ウェルサンピア滋賀（マツ類）、県消防学校、日本電産、ナイキ（以上カイヅカイブキ）、県立総合運動場（クスノキ）、永源寺町産業会館（エイゲンジザクラ）

参道並木·太郎坊宮のサクラなどの並木（02.4）

構内並木・ブリヂストン彦根工場のケヤキ並木

堤防並木・犬上川堤防のサクラ並木（02.4）

水辺並木・木浜のシダレヤナギ並木（01.4.10）

［公園並木］びわ湖文化公園（プラタナス類など）、希望ケ丘文化公園（ケヤキなど）、今津町総合運動公園（ナンキンハゼ）
［堤防並木］旧草津川堤防、野洲川堤防（守山市）、日野川堤防（近江八幡市）、愛知川堤防（能登川町）、犬上川堤防（甲良町）、高時川堤防（高月、湖北町）、姉川堤防（伊吹町）、余呉川堤防（木之本町、以上サクラ類）
［水辺並木］琵琶湖疏水（サクラ類）、貫川内湖、木浜《このはま》（以上シダレヤナギ）

⑤街路樹・並木の今後

街路樹や並木の目的と効用については本章２で述べた通りであるが、その効果が最大限に発揮されるためには、病虫害防除や都市土壌の改良、剪定《せんてい》のあり方、美的感覚の洗練、地域住民との対話など、今後さらに追究すべき課題が多い。単に植えるだけでなく、町づくりを見据えた「街路樹・並木の将来設計」が必要であろう。

著名な建築家・安藤忠雄氏は、並木（ケヤキ）にマッチした高さの建築物をめざしておられる。また、アメリカの近代建築家・フランク・ロイド・ライトは帝国ホテル（一九六七年解体）を設計する際、自然との融合を重視されたと聞く。

高さを競い、効率ばかりを追求するハコモノの町づくりとは一線を画する姿勢がそこにはある。安藤忠雄氏がその先鞭をつけたことに拍手を送るとともに、環境先進県を標榜《ひょうぼう》する滋賀県が、街路樹・並木がいきいきと輝く町づくりを進めていくことを望みたい。

（小山）

旧街道の並木·東海道の松並木

滋賀県指定自然記念物（巨樹・巨木林）一覧

滋賀県自然環境保全条例（第21条第１項）により指定

No.	名　称（通　称　名）	所　在　地	幹周（m）	樹高（m）	推定樹齢（年）
1	大将軍神社のスダジイ	大津市坂本六丁目	5.0	14	300以上
2	慈眼寺のスギ（金毘羅さんの三本杉）	彦根市野田山町	5.1,5.1	38,40	伝承1200
			4.1	24	650
3	八日市市昭和町のムクノキ	八日市市昭和町	7.3	22	600
4	立木神社のウラジロガシ	草津市草津四丁目	6.3	10	300以上
5	岩尾池のスギ（一本杉）	甲賀郡甲南町杉谷	4.7	15	伝承1000
6	多賀町栗栖のスギ（杉坂峠の杉）	犬上郡多賀町栗栖	11.9,4.1	37,35	400
			3.2,3.3	30,35	
7	井戸神社のカツラ	犬上郡多賀町向之倉	11.6	39	約400
8	長岡神社のイチョウ	坂田郡山東町長岡	5.7	27	約800以上
9	山東町清滝のイブキ（柏槇）	坂田郡山東町清滝	4.9	10	700
10	伊吹町杉沢のケヤキ（野神）	坂田郡伊吹町杉沢	5.1	27	600
11	伊吹町吉槻のカツラ	坂田郡伊吹町吉槻	8.1	16	1000
12	八幡神社のケヤキ（野神欅）	伊香郡高月町柏原	8.4	22	300以上
13	天川命神社のイチョウ（宮さんの大銀杏）	伊香郡高月町雨森	5.7	32	300
14	石道寺のイチョウ（火伏せの銀杏）	伊香郡木之本町杉野	4.3	20	200～300
15	木之本町黒田のアカガシ（野神）	伊香郡木之本町黒田	6.9	15	300～400
16	余呉町上丹生のケヤキ（野神）	伊香郡余呉町上丹生	9.1	35	約800
17	余呉町菅並のケヤキ（愛宕大明神）	伊香郡余呉町菅並	8.2	25	約700
18	菅山寺のケヤキ	伊香郡余呉町坂口	6.2,5.7	15,20	伝承1000余
19	マキノ町海津のアズマヒガンザクラ（清水の桜）	高島郡マキノ町海津	6.4	16	300以上
20	阿志都弥神社行過天満宮のスダジイ	高島郡今津町弘川	6.5	15	伝承1000余

〈以上　1991年（平成３）３月１日指定〉

No.	名　称（通　称　名）	所　在　地	幹周（m）	樹高（m）	推定樹齢（年）
21	三大神社のフジ（砂擦りの藤）	草津市志那町	（株立ち）	2	伝承約400
22	油日神社のコウヤマキ	甲賀郡甲賀町油日	6.5	35	約750
23	八幡神社の杉並木	坂田郡山東町西山	4.7他	38他	300以上
24	浅井町力丸のサイカチ（皀莢）	東浅井郡浅井町力丸	3.6	11	500以上
25	木之本町石道のスギ（逆杉）	伊香郡木之本町石道	7.8	35	約1000

〈以上　1996年（平成８）３月27日指定〉

No.	名　称（通　称　名）	所　在　地	幹周（m）	樹高（m）	推定樹齢（年）
26	多賀大社のケヤキ（飯盛木）	犬上郡多賀町多賀	9.7,6.3	15,15	300以上
27	湖北町田中のエノキ（えんねの榎実木）	東浅井郡湖北町田中	4.6	10	250

〈以上　1998年（平成10）３月４日指定〉

No.	名　称（通　称　名）	所　在　地	幹周（m）	樹高（m）	推定樹齢（年）
28	政所の茶樹	神崎郡永源寺町政所	0.3	1.9	300
29	蓮華寺のスギ（一向杉）	坂田郡米原町番場	5.5	31	700

〈以上　2002年（平成14）５月７日指定〉

［註］幹周、樹高、樹齢などはすべて滋賀県公表のデータ（指定時）である。

滋賀県の国、県指定天然記念物（樹木、樹林）一覧

国指定：文化財保護法
県指定：滋賀県文化財保護条例

No.	名　　称	所　在　地	指定区分	指定年月日	備考
1	平松のウツクシマツ自生地	甲賀郡甲西町平松	国指定	1921（大正10）.3.3	群生
2	南花沢のハナノキ	愛知郡湖東町南花沢	国指定	1921（大正10）.3.3	単木
3	北花沢のハナノキ	愛知郡湖東町北花沢	国指定	1921（大正10）.3.3	単木
4	熊野のヒダリマキガヤ	蒲生郡日野町熊野	国指定	1922（大正11）.10.12	3本
5	了徳寺のオハツキイチョウ	坂田郡米原町醒井	国指定	1929（昭和4）.12.17	単木
6	鎌掛谷のホンシャクナゲ群落	蒲生郡日野町鎌掛	国指定	1931（昭和6）.3.30	群生
7	玉桂寺のコウヤマキ	甲賀郡信楽町勅旨	県指定	1974（昭和49）.3.11	群生
8	西明寺のフダンザクラ	犬上郡甲良町池寺	県指定	1974（昭和49）.3.11	単木

了徳寺のオハツキイチョウ（00.11.26）

鎌掛谷のホンシャクナゲ群落（93.5.5）

あとがき

風雪に耐え、数百年という長い歳月を生き続けて佇む巨木や古木を前にして、その強《きょう》靭《じん》な生命力に圧倒されるとともに、新鮮な驚きや感動、畏敬の念を感じる。自然に対するこうした豊かな感性の中から、樹木を「神の依代《よりしろ》」とする自然信仰が生まれたのだろう。そこには自然に対峙《たいじ》する人間ではなく、自然とともに生きる人間のつつましやかな姿がみられる。

しかし、樹木を単に財産や観光の対象としかみなさない現代社会の人間中心の発想では、朽ちかけた古木は倒れては危険だからと伐られ、巨木は枝葉が周囲の邪魔になるからと過度に剪定《せんてい》される。せっかく道路に植えられた街路樹・並木もまた然りである。枝葉をはらわれ幹だけの棒状になった樹木は痛ましい。

巨木や古木は貴重な遺伝子プールであり、豊かな自然のシンボルであり、地域の文化財でもある。私たちは、本書で取りあげた名木や並木はいうまでもなく、その他多くの樹木たちがのびのびと生きていけるように、自然環境保全と自然との共生社会づくりに向けて今後も活動していきたい。

最後に、情報提供や現地調査、聞き取り等でお世話になった各社寺の関係者をはじめとする多くの方々、さらに、本書出版の機会を与えていただき、終始ご援助を賜ったサンライズ出版㈱の岩根順子社長や担当の山下恵子さん、岸田幸治さんに心より感謝いたします。

主な参考文献・図書

秋里籬島『東海道名所図会』（日本資料刊行会　一九七六）
浅井素石『湖国と文化№67　近江・宿命の道の国』（滋賀県文化振興事業団　一九九四）
井上靖『井上靖全集三〇　欅の木』（新潮社　一九七四）
今津町史編集委員会『今津町史』第三巻（今津町　二〇〇一）
岩槻邦男『植物の多様性と系統』（裳華房　二〇〇一）
大津市歴史博物館『ふるさと大津歴史文庫七　大津の名木』（大津市　一九九一）
大貫茂『日本の巨樹一〇〇選』（淡交社　二〇〇二）
角川日本地名大辞典編纂委員会『角川日本地名大辞典二五　滋賀県』（角川書店　一九七九）
亀野辰三・八田準一『街路樹・みんなでつくるまちの顔』（公職研　一九九七）
賀茂神社『御猟野の杜　賀茂神社』
川崎昭重『彦根城いろは松樹勢調査報告書』（一九九九）
川崎健史『近江文化叢書一一　湖畔の花と実』（サンブライト　一九八一）
環境庁『第四回自然環境保全基礎調査　巨樹・巨木林調査報告書　近畿版』（一九九一）
北村四郎ほか『滋賀県植物誌』（保育社　一九六八）
栗太郡役所『近江栗太郡志』巻四（名著出版　一九七二）
甲良町史編纂委員会『甲良町史』（甲良町　一九八四）
小八木山之神奉賛会『縁起書』
滋賀県『近江名木誌』（一九一三）
滋賀県伊香郡社会科教育研究会『ふるさと伊香』（一九五八）
滋賀県高等学校歴史散歩研究会『新版　滋賀県の歴史散歩』上・下（山川出版社　一九九〇）

滋賀県自然保護課『滋賀県緑地環境保全地域自然記念物のしおり』（一九九六）
滋賀県樹木医会『巨樹・古木林等診断治療報告書』（一九九七）
滋賀県商工観光政策課『びわ湖観光ガイドブック』（滋賀県観光連盟　二〇〇一）
滋賀県神社誌編纂委員会『滋賀県神社誌』（滋賀県神社庁　一九八七）
滋賀県百科事典刊行会『滋賀県百科事典』（大和書房　一九八四）
滋賀県緑化推進会『滋賀の名木誌』（滋賀県　一九八七）
滋賀自然環境研究会『ふるさと滋賀の森林』（第一九回全国育樹祭滋賀県実行委員会　一九九五）
滋賀植物同好会『びわ湖グリーンハイク』（京都新聞社　一九九四）
滋賀植物同好会『びわ湖フラワーハイク～滋賀の花木をたずねて～』（京都新聞社　一九九六）
滋賀植物同好会『近江植物歳時記』（京都新聞社　一九九八）
滋賀植物同好会『近江の鎮守の森～歴史と自然～』（サンライズ出版　二〇〇〇）
滋賀植物同好会『滋賀県の街路樹・並木調査研究報告』（二〇〇二）
滋賀総合研究所『湖国百選・木』（滋賀県企画部　一九九一）
小学館『園芸植物大事典　一』（一九八八）
昭文社『県別マップル二五　滋賀県広域・詳細道路地図』（二〇〇三）
新旭町誌編さん委員会『新旭町誌』（新旭町　一九八五）
末岡照啓『伊庭貞剛～別子全山を旧のあおあおとした姿に～』（伊庭貞剛翁没後七五年感謝式典実行委員会　二〇〇二）
多賀町史編さん委員会『多賀町史』下巻（多賀町　一九九一）
TASプロダクション『旅・王・国二六　琵琶湖・若狭・丹後』（昭文社　二〇〇三）
鳥山國士『♂♀のはなし　植物』（技報堂出版　一九九〇）
西村泰郎『福寿稲荷神社由緒調査報告書』（二〇〇一）
日本通信教育連盟『ふるさと名木紀行』
秦石田『版本地誌大系一三　近江名所図会』（臨川書店　一九九七）

畑中誠治ほか『県史二五　滋賀県の歴史』（山川出版社　一九九七）
原田敏丸・渡辺守順『県史二五　滋賀県の歴史』（山川出版社　一九七二）
彦根市役所『広報ひこね　芹川の並木をみつめなおす』（二〇〇一）
深津正『植物和名の語源』（八坂書房　一九八九）
平凡社地方資料センター『日本歴史地名大系二五　滋賀県の地名』（平凡社　一九九一）
毎日新聞滋賀版『近江の木シリーズ』No.1～73（一九八八～八九）
村松七郎『彦根の植物』（一九七九）
守山市誌編さん委員会『守山市誌　自然編』（守山市　一九九六）
馬場秋星『別冊淡海文庫三　近江の中山道物語』（サンライズ出版　一九九六）
山本武人『近江湖北の山』（ナカニシヤ出版　一九九五）
山本紀久『街路樹』（技報堂出版　一九九九）
余呉町教育委員会『余呉の民話』（一九八〇）
読売新聞社『新・日本の名木一〇〇選』（一九九〇）
読売新聞滋賀版『ふるさとの並木シリーズ』No.1～14（一九九四）
竜王町史編纂委員会『竜王町史』上巻（滋賀県竜王町役場　一九八七）

索　　引

—— ア ——

—— イ ——

—— ウ ——

—— エ ——

—— オ ——

—— カ ——

—— キ ——

—— ク ——

—— ソ ——

—— タ ——

—— チ ——

—— ツ ——

—— ト ——

—— ナ ——

—— ハ ——

—— ヒ ——

—— フ ——

—— ホ ——

—— マ ——

編者

滋賀植物同好会

『近江の名木・並木道』調査編集委員会

調査・執筆者

○青山　喜博　出雲　孝子　伊藤ひさ子
○大谷　一弘　岡田　明彦　奥村　冨子
○長　朔男　片岡　洋子　○菊井　正巳
木村　達雄　○小山　靖二　酒居　守雄
○阪口　進　酒巻　正昭　鹿田　良男
田中美保子　○田村　博志　○中村　和正
○西久保公成　○蓮沼　修　藤関　義樹
○森　小夜子　吉村まゆみ　○渡部　壽子
○和田　義彦　（○印は編集者）

写真提供者

青木　繁　出雲　孝子　大谷　一弘
岡田　明彦　片岡　洋子　河村　則英
木川　秋子　菊井　正巳　木村　達雄
酒巻　正昭　鹿田　良男　武田　栄夫
田村　博志　蓮沼　修　久川　邦代
森　小夜子　和田　義彦

調査・執筆等協力者（敬称略）

愛東南小学校　石田弘子　石塚弘（樹下神社）
永正寺　縁心寺　おうみ健康文化友の会
大清水彰（西音寺）　海津栄太郎　賀茂神社
坂久典　沢田藤松　澤村修一　慈眼寺　浄顕寺
白木駒治　高橋源三　高松龍暉（日隆寺）
谷口實　長光寺　辻秀典　長浜市役所都市計画課
西村一雄　橋本晃一　林謙太郎　林清一郎
福田屋　藤川美代子　堀井藤造　松村茂與門
薬樹院　山路敬二　吉田茂芳　渡部博子

■執筆・編集

滋賀植物同好会

1984年11月、湖南アルプス笹間ケ岳で実施した第1回例会で産声をあげ、翌年1月、第1回総会を開いて正式に発足した。以来、今日まで県内外で200回を越えるフィールドワーク（植物観察会）を実施するとともに、会誌『滋賀の植物』を発行してきた。また、県内の自然調査活動にも力を注ぎ、とりわけ1995年以降は鎮守の森や街路樹・並木、名木・巨木など「樹」に焦点をあてた調査を続けている。それらの成果は「報告書」としてまとめるとともに、2000年に出版した『淡海文庫17　近江の鎮守の森～歴史と自然～』（サンライズ出版）など一般向け図書を出して啓発活動に努めてきた。今後も「植物」をキーワードにして、さまざまな活動を展開していく予定である。会員数約170名。

URL:http://www.ne.jp/asahi/shigasyokubutsu/home/

会　長：蓮沼　修

1922年茨城県生まれ。1948年より滋賀県野洲郡野洲町在住。植物をこよなく愛し、滋賀植物同好会発足以来、会の代表を務める。また、栗東自然観察の森に1988年4月の開園以来勤務して施設の充実や自然観察指導にあたってきた。最近はNPO法人環境を考える会（野洲町）のメンバーとして植物調査やガイド編集など、多忙な毎日を送っている。

◎連絡先　〒520-2342　野洲郡野洲町野洲175-8　TEL.077-587-0461

近江の名木《めいぼく》・並木《なみき》道　別冊淡海《おうみ》文庫12

2003年12月25日　初版1刷発行

企　画／淡海《おうみ》文化を育てる会
編　者／滋賀植物同好会
発行者／岩　根　順　子
発行所／サンライズ出版
滋賀県彦根市鳥居本町655-1
☎0749-22-0627　〒522-0004
印　刷／サンライズ出版株式会社

ISBN4-88325-141-1

淡海《おうみ》文庫について

「近江」とは大和の都に近い大きな淡水の海という意味の「近（ちかつ）淡海」から転化したもので、その名称は「古事記」にみられます。今、私たちの住むこの土地の文化を語るとき、「近江」でなく、「淡海」の文化を考えようとする機運があります。

これは、まさに滋賀の熱きメッセージを自分の言葉で語りかけようとするものであると思います。

豊かな自然の中での生活、先人たちが築いてきた質の高い伝統や文化を、今の時代に生きるわたしたちの言葉で語り、新しい価値を生み出し、次の世代へ引き継いでいくことを目指し、感動を形に、そして、さらに新たな感動を創りだしていくことを目的として「淡海文庫」の刊行を企画しました。

自然の恵みに感謝し、築き上げられてきた歴史や伝統文化をみつめつつ、今日の湖国を考え、新しい明日の文化を創るための展開が生まれることを願って一冊一冊を丹念に編んでいきたいと思います。

一九九四年四月一日